光之隧道

马岩松 编著

Tunnel of Light

Ma Yansong

中信出版集团 | 北京

图书在版编目（CIP）数据

光之隧道 / 马岩松编著. -- 北京 : 中信出版社,
2022.1
ISBN 978-7-5217-3613-7

Ⅰ.①光… Ⅱ.①马… Ⅲ.①建筑艺术—鉴赏—日本
Ⅳ.①TU-863.13

中国版本图书馆CIP数据核字(2021)第198410号

光之隧道

编　　著：马岩松
出版发行：中信出版集团股份有限公司
（北京市朝阳区惠新东街甲4号富盛大厦2座　邮编　100029）
承 印 者：山东临沂新华印刷物流集团有限责任公司

开　　本：889mm × 635mm　1/16　　印　　张：10　　字　　数：70千字
版　　次：2022年1月第1版　　印　　次：2022年1月第1次印刷
书　　号：ISBN 978-7-5217-3613-7
定　　价：68.00元

录

1

1 Nacasa & Partners Inc.摄

马岩松　MAD建筑事务所创始合伙人，主持建筑师

空灵

第一次去这个地方，很深，很深，是个山中的管道，到头，是个空，不知道为什么进来，是为了出去吗？还是为了确认自己出不去？反正，里面什么都没有，空的。外面，还是原本的外面，只是自己换了一个角度去看，改变的是自己。

洞口

所有的洞口都是为了离开，所以它很明亮，充满远方的诱惑和想象，让人下决心告别最熟悉和安全的地方，这是多么大的勇气啊。我能做的，只是短暂地陪伴，它们离开之前的徘徊。

反射

我觉得镜子是可悲的，它能做的只是复制，但是现实，没有必要再复制。我们真想清楚地看见自己吗？我们能真正地看清楚吗？梦里看不清楚任何东西，又是最深刻的感受，眼见并不为实的话，还是让现实变模糊吧，让天地都模糊。

水

山之间是清津峡的雪水，四季川流，色彩形态万千，但我想，它最好就停在我的脚下，安静下来，我把脚放进去，让刺骨的冰冷提醒我，日常的麻木。

无人

最好没有人，连自己也不在。

一个人走近天地之间的那条线，和我距离20米，就好像去了另一个世界。我也想进入那个世界，我也想只相隔这20米，欣赏在另一个世界的他们。

自然

在来清津峡的路上，看尽了绿色，山水、天空和奇妙的光线，好美，觉得自己不能再增添什么了；我能做的，就是把自己内心的感动描述出来，自然是客观的，感受是主观的。

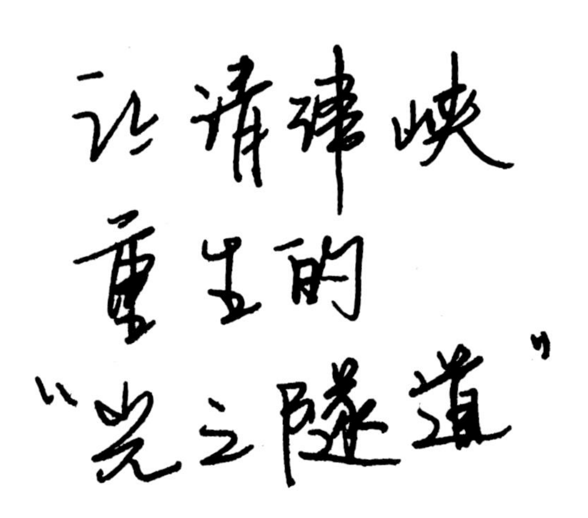

北川富朗　1946年出生于日本新潟县。自2000年担任“越后妻有大地艺术祭三年展”总负责人，自2010年担任“濑户内国际艺术节”总负责人，同时担任其他地区艺术节的负责人。北川富朗获得了法国艺术及文学勋章、波兰文化勋章、日本文化勋章等荣誉。

1. 另外两处为富山县黑部峡谷和三重县杉谷。——编者注

清津峡位于新潟县的山区越后妻有。这里是全球降雪量最大的地区之一，同时因被列入“日本三大峡谷”[1]而享誉海内外。2018年，马岩松设计的“光之隧道”(Tunnel of Light)即诞生于此。

隧道的历史，可以追溯到1862年，从清津峡入口处兴建温泉浴场开始：

1941年，清津峡被指定为国家名胜风景及自然遗迹区。

1944年，被指定为“上信越高原国立公园”的一部分。

1984年，发生大规模雪崩，温泉小镇受到冲击，造成五人丧生。

1988年，因落石而导致人员死亡后，登山道[2]禁止通行。

1996年，应当地居民和旅游业的要求，清津峡峡谷隧道建成开放。

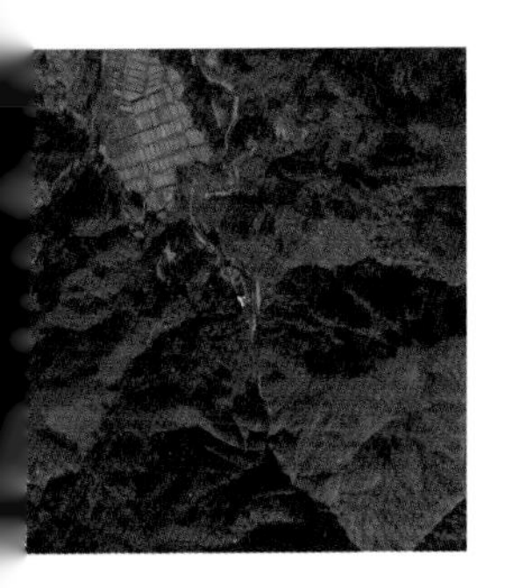

2. 山体边上供登山客行走的步道。——编者注

开放之初，这里繁忙过一阵，但随后游客人数逐渐减少。从始于2000年、三年一次的“越后妻有大地艺术祭”开始，艺术祭期间参观隧道的游客稍微多些，但其余时间游客非常少，特别是2004年新潟县中越地震之后，降幅尤为明显。于是，十日町市决定翻新这条峡谷隧道，并委托由马岩松带领的MAD建筑事务所团队设计。

贯穿清津峡峡谷的隧道宽3~10米，高3~7米，长750米，途中有三处可以眺望峡谷的观景台，终点是可以纵览整个峡谷的平台。

MAD的最初设想是将眺望峡谷的三个观景台分别改造成洗手间、艺术空间和餐厅，并将终点平台改造成足浴场。但由于预算限制，艺术空间和餐厅最终被放弃了。

中国古代哲学家用五行——“金、木、水、火、土”去理解万物的形成和它们的相互作用，MAD便以此为灵感，改造隧道入口处新建设施及隧道内的若干要点，由此将人与自然相连接。隧道尽头的全景平台是点睛之笔，其内墙覆盖的半镜像不锈钢板，将峡谷的风光映射回隧道内及地面浅水池水面上，创造出无尽的自然幻境。

位于新潟县的Green Sigma设计事务所是建造方面的总承包商，而由我作为代表人的Art Front Gallery负责整体协调。若要问到这几年我对于这个项目的感想，就必须提到MAD合伙人之一的早野洋介先生，他排除万难完成了这个预设条件如此复杂的设计。这是一件依托空间特质而成就的作品，虽然诸位能通过照片看到，但真的只有亲临现场才能品味其曼妙。

“光之隧道”建成后获得如潮的好评。大地艺术祭期间，景点太火爆，导致了严重的交通堵塞。数据显示，为期近50天的会期中有8万多名游客；而会期后的一年，也就是2019年，有近30万名游客。

更重要的是这个隧道对日本艺术、文化和观光的影响。为振兴日本文化，日本文化厅以东京奥运会、东京残奥会为契机，推出了文化项目“日本博览会”，以“日本与自然”为主题体现各种“日本之美”，而“光之隧道”的图像成为主视觉之一……

中国建筑师的作品被选作象征日本文化中“亲近自然”的代表。以“山水城市”为设计理念的马岩松，以自然为媒介的大地艺术祭，以及日本文化特征，三者在此相连了。回想起来，我们享受从中国文化而来的“人与自然间的联系”已有1500年之久了。

最后，我想谈谈我对MAD建筑的想法。在MAD的建筑里，外界与建筑内部空间的关系非常贴合。二者之间仿佛仅隔一层“皮膜”，你来我往，融通无阻。

“虚实皮膜”[1] 出自日语，在中国或许也有类似说法，即无论正反表里皆是偶然，表里即为里表。虚实时常反转，往往不知何为真实。也就是说，这自然包含了世界万物。

“虚实皮膜”是日本江户时代的剧作近松门左卫门（1653—1725年）的术理论，认为艺术存在于真实与虚构间的极微妙处。——编者注

如果远看马岩松设计的建筑或建筑模型，你会觉得是在品一幅中国古山水画。水过硬土，风吹峻山，水和空气挤碰成雾霭，一切变得轮廓模糊。山峦、佛阁、屋宇、人来人往，万物皆居自然中。作为将自然形象化的自然观的体现，MAD的建筑和中国传统山水画异曲同工。

现代建筑中，空间的营造通过人、光与风的流线等堆砌，往往是从局部到整体。另外，通过对世界上聚落形成的调查可以得知，不同的地方所重视的东西因风土而异，地域差别也作为成就不同类型建筑的重要因素。一般而言，由于社会制度的制约，建筑似乎很难得到新的发展。

然而，在我们看到的MAD作品集中，除去酒店和高层住宅，其他几乎都是公共建筑。马岩松似乎在用这些设计去撬动现代价值观。他的设计是一个通过“皮膜”而实现表里反转的世界：个体与外界的接触“触发”了空间中的表里相互幻化，抑或成为自然本身。由钢结构和玻璃幕墙组成的现代建筑，只要不违反重力的限制只会无限高

层化，而MAD的作品不正提供了一种脱离这种自认为无法自由的现代建筑的宿命的方法吗？

回想起MAD初期的作品“鱼缸”，金鱼在“皮膜”里游泳，毫不在意重力。如今在他的工作室里，一座鱼缸仍然占据着乒乓球桌旁很大的空间。标志着MAD出发点的“鱼缸”，正在微笑。

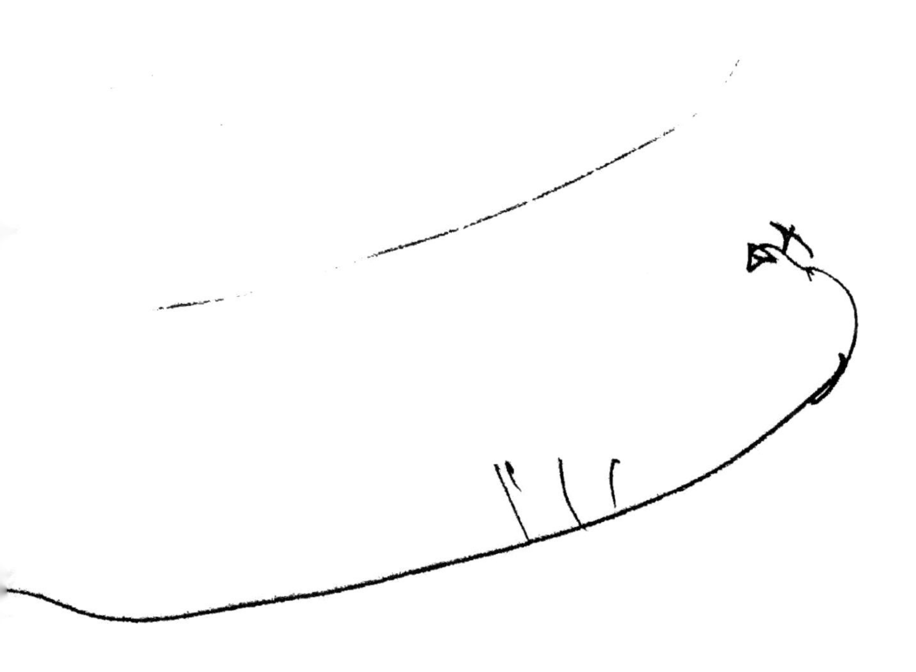

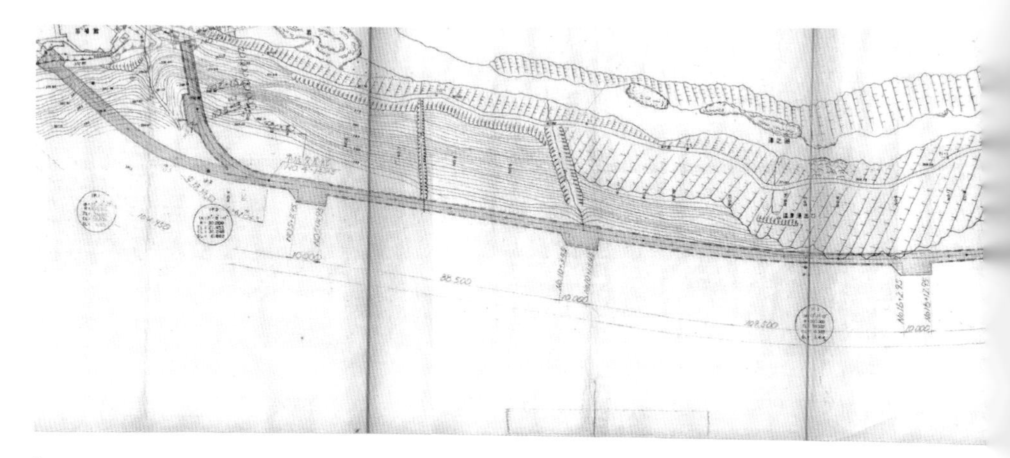

2

2 1996年清津峡原始隧道施工图，图片鸣谢十日町市

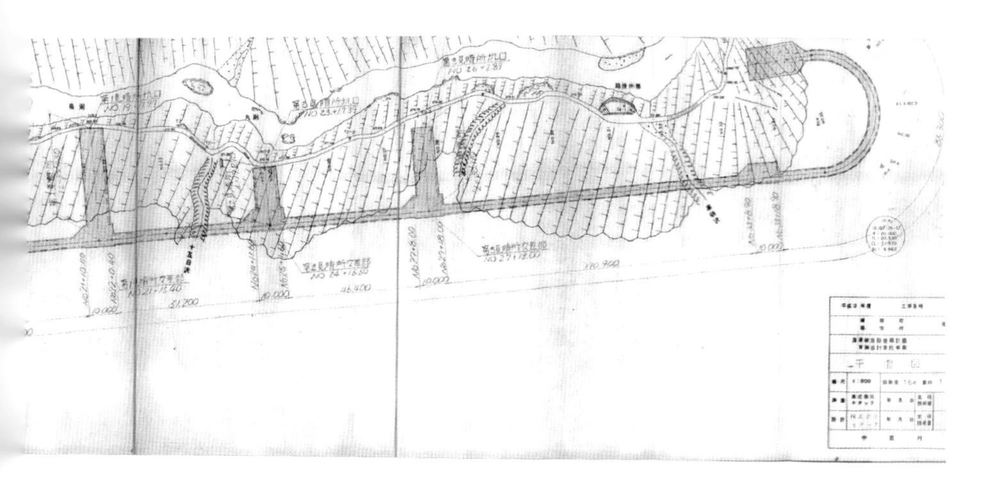
51.200
46.400
110.900
10.000
平面図

光之隧道

2016年，我受邀参加濑户内国际艺术节的专题讨论会，那是我第一次与北川富朗先生见面。此前早已耳闻了北川先生致力以艺术活化乡村，很欣赏他的坚持。后来，他邀请我们参加2018年第七届越后妻有大地艺术祭，改造位于十日町市的清津峡隧道。

——马岩松

川端康成在《雪国》的开头写道，“穿过县界长长的隧道，便是雪国”，写的是冬天上信越地区的景象，而清津峡地区也是这样。

越后妻有地区以豪雪著称，清津峡又是这里雪下得最凶的区域，一年中有很长时间被大雪封闭。日本最长的河流信浓川带来肥沃的泥沙，和大陆的季风一起，使这里具有了适合水稻耕种的土壤。然而严峻的山地地形又迫使人们不得不去改造、整理土地，开垦梯田。山地、河流和大雪在这里交织，孕育了越后妻有地区的独特地理风貌和文化。

对于生活在这里的人们来说，鲜明的四季、田地、村落、房屋和耕种工具，是司空见惯的风景，世代相传。人们被禁足在漫长的雪季里，等待春天的到来，也等候客人的到来。

然而，随着现代化和城市化的发展，青壮年涌入城市，农业逐渐被抛弃，这里赖以生存的根本也开始瓦解，经济不断衰退。而且，正如北川富朗所说，在“世界数一数二的豪雪地带之中产米被认为是件十分低效的事情”。

北川富朗希望能用艺术突破困境，在他的主持下，“人类与自然该如何相处”成为越后妻有大地艺术祭一以贯之的命题。他激发艺术家们去感受这些日常事物、景象，再通过他们的作品表现出来。对于清津峡隧道的创作委托，他希望MAD建筑事务所能带来一个展现自然、人类和文明之间关联的作品，于是，MAD便有了“光之隧道”的设想。

清津峡是日本三大峡谷之一，地貌独特，两岸岩壁陡峭，溪流蜿蜒，流淌其中的是清冽的雪山融水。岩壁一侧原本辟有登山道，慕名而来的登山者和游人络绎不绝。旅游业后来居上，成为这个村镇赖以生存的新产业。

但这一切都在一场落石事故之后戛然而止。1988年，崖壁上的落石夺去了一位登山者的生命，其家属以管理不善为由将十日町政府告上法庭。十日町政府败诉。清津峡登山道被封，游人不再到访，当地经济一落千丈。

这成为当地人的一个心结——不单单是对经济的打击，清津峡登山道原本也是他们极为喜爱、享受自然的去处。登山道一封锁便是8年，那份记忆里雄浑而壮丽的美成为再也无法到达的远方。在环境厅、文化厅、新潟市等多方协调下，1996年，终于建成一条隧道代替原登山道。人们可以走到峡谷深处的观景台上欣赏清津峡的景色。隧道建成后，便吸引了一些游客到来，很快清津峡周边有了一些饭店、旅馆等商业设施。另外，这里的温泉已有200多年的历史，人们用管道将温泉引到山下，供居民和客人们使用，逐渐形成了一条温泉街。然而这条用混凝土浇灌而成的单调隧道，并无任何体验可言，更不能唤起人们对这片美景的向往。隧道开启后未过多久，清津峡和周边的村庄就再次陷入沉寂。从1996年建成到2018年改造之前，清津峡隧道已经走过了22年，它在缓缓流动的雪山融水旁边，沉静地等待着新生。

3

3 入口设施“潜望镜”改造前，© MAD
建筑事务所

4

4 入口设施“潜望镜”改造后，以及从设施处看向隧道入口，马岩松摄

5

5 屋脊处通过高差和镜面引入外部风景，
马岩松摄

从停车场开始，人们如同被蜿蜒的溪水邀请着，沿着小路一直向前，不久便能看到清津峡入口建筑的屋顶，高度倾斜的屋面，让人联想起山中的隆冬大雪。

建筑有两层，一层集合了售票、咖啡厅和纪念品商店等功能。店中展示着当地村民精巧的手工制品，整个空间开放温暖，供游人短暂休息。

二层的设计突发奇想，将当地温泉引入做成一个足浴池，成为整个隧道感官体验的序章。内部空间呈圆锥形，顶部的开口之上覆盖着棱镜面。经过精密设计，将远处流动着的清津峡溪水上下颠倒地映射其中。中央大圆池之上，氤氲水气腾起，空间内充满视觉和嗅觉的暧昧。游客在此休憩，将双脚浸入温泉水中，仰望天窗，可见清津峡溪水的倒影在空中流淌，耳边是溪流声和鸟鸣阵阵——这一切都暗示着“光之隧道”的旅途中将要邂逅的风景。

清津峡属于自然保护区域，这里的建筑必须满足环境厅及文化厅所制定的严苛规范，事无巨细——建筑的高度有严格的限制，屋顶造型、材料、色彩也要求必须与当地传统建筑风格协调一致，每个阶段都需要取得十日町市政府的认可后才能进行深化设计。

6 图片来自十日町市观光协会

7

7 建筑立面, Nacasa & Partners Inc. 摄

9

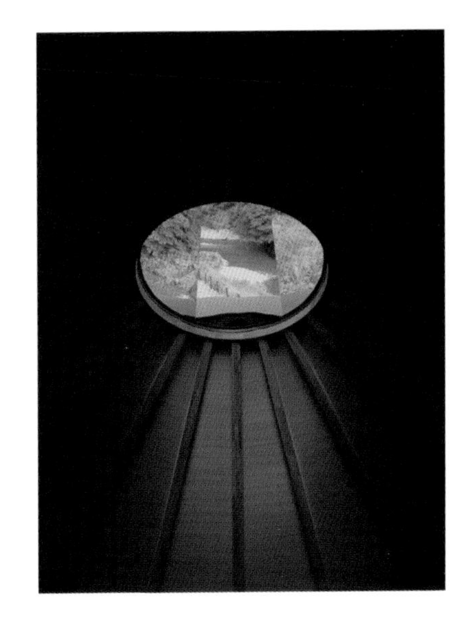

10

8

8 二层足浴空间，Nacasa & Partners Inc.摄

9 不同的视角，有不同的风景，Nacasa & Partners Inc.摄

10 镜中流淌着清津峡溪水的倒影，Nacasa & Partners Inc.摄

11

12

11 一层服务和休息空间，Nacasa & Partners Inc.摄

12 天窗成为棱镜，折射出外面的风景，Nacasa & Partners Inc.摄

13

13 头顶的镜子在脚下温泉池中的倒影隐约可见，© MAD建筑事务所

地处日本屈指可数的豪雪地带，入口设施必须在设计上满足降雪要求。屋面采取了防止积雪的A字形坡面。虽然建筑高度受限，MAD还是加入了一些特别的构思，在临近溪水的一侧采用不同高度的屋面进行搭接，在屋顶形成天窗。天窗成为棱镜，把外面的风景折射入室内。

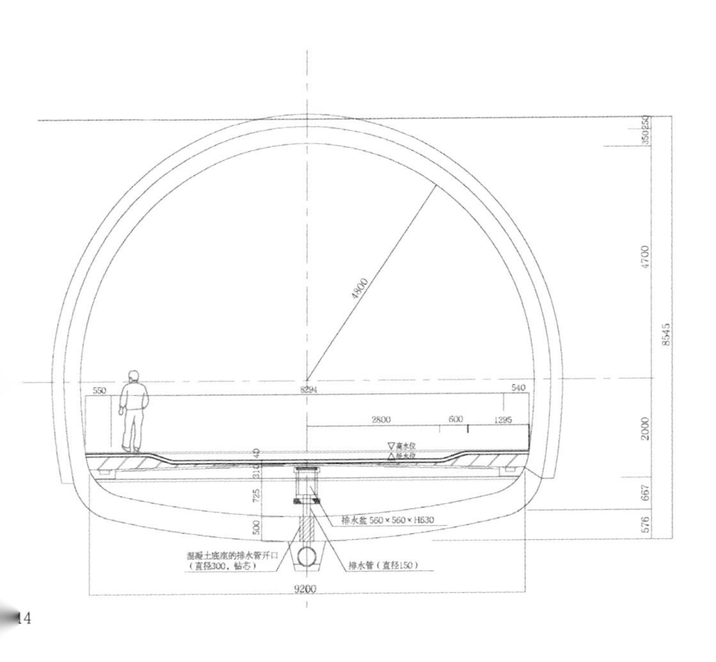

14

15

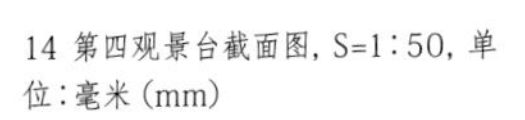

14 第四观景台截面图，S=1∶50，单位：毫米（mm）

15 镜中景色随季节变化而改变——春，Nacasa & Partners Inc.摄

16

16 镜中景色随季节变化而改变——夏，
Nacasa & Partners Inc.摄

17

17 镜中景色随季节变化而改变——冬，
Nacasa & Partners Inc.摄

18

19

18 近入口处，马岩松摄
19 近第四观景台处，马岩松摄

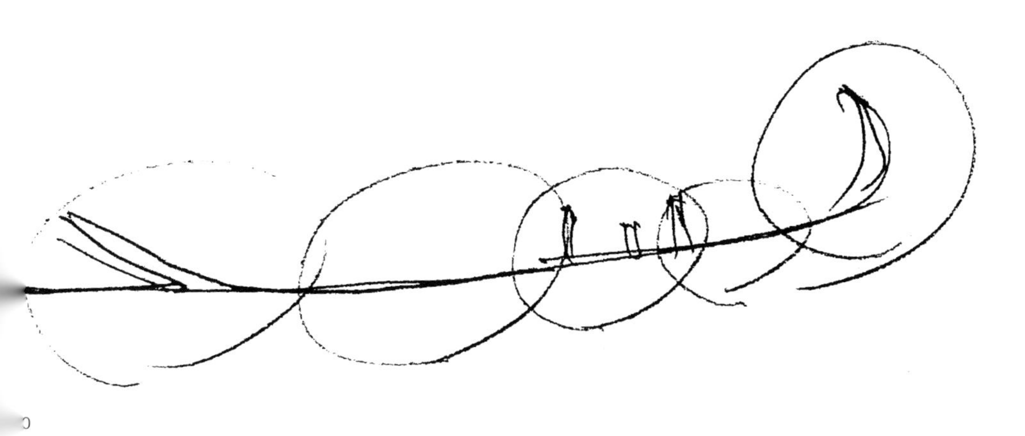

20 光在不同的区域会根据观景台的不同主题产生变化

隧道

自山腰上的入口建筑步行几分钟，即可到达隧道入口。进入隧道之后，迎面而来一个向左的大转弯，继而便能看到一条长长的通道。日光迅速消失在空间中，人们眼前单调的亮白被斑斓暧昧的灯光所替代。

隧道总长750米，作为唯一动线连接途中四个观景台，直到尽头的清津峡。昏暗的灯光陈述情绪和节奏的变化，并且和每个观景台的不同设计配合，叠加着游客的感官体验。

从明黄色开始走进逐渐过渡的浅绿色光线中，很快到达第一观景台。MAD选择把这里原样保留，未加任何修饰，以便让参观者体会清津峡隧道的原貌。从这里可以眺望峡谷山崖柱状节理的粗粝岩石表面，以及流淌其下的清津川色泽明艳的风景。对应第一观景台的隧道光线选择了具有代表性的日本樱花的粉白色。

接下来的徒步中，鲜艳的橙红色灯光配合着充满未来感的第二观景台和第三观景台，营造出异星球的惊奇感，令人兴奋。慢慢靠近最后一个观景台时，光线气氛逐渐降到幽静的蓝色，让人的心也跟着沉静下来。颜色在这里让原本单调的动线也成为一种风景和体验，与情绪结合，模糊了“通道”和“目的地”的边界，让整个空间融为一体。

除了斑斓的光线，隧道间亦充盈着声响，既非歌，又非曲。不明是何种语言，如同不知名的人随意哼起的曲调一般，引诱着人们向隧道深处探寻。

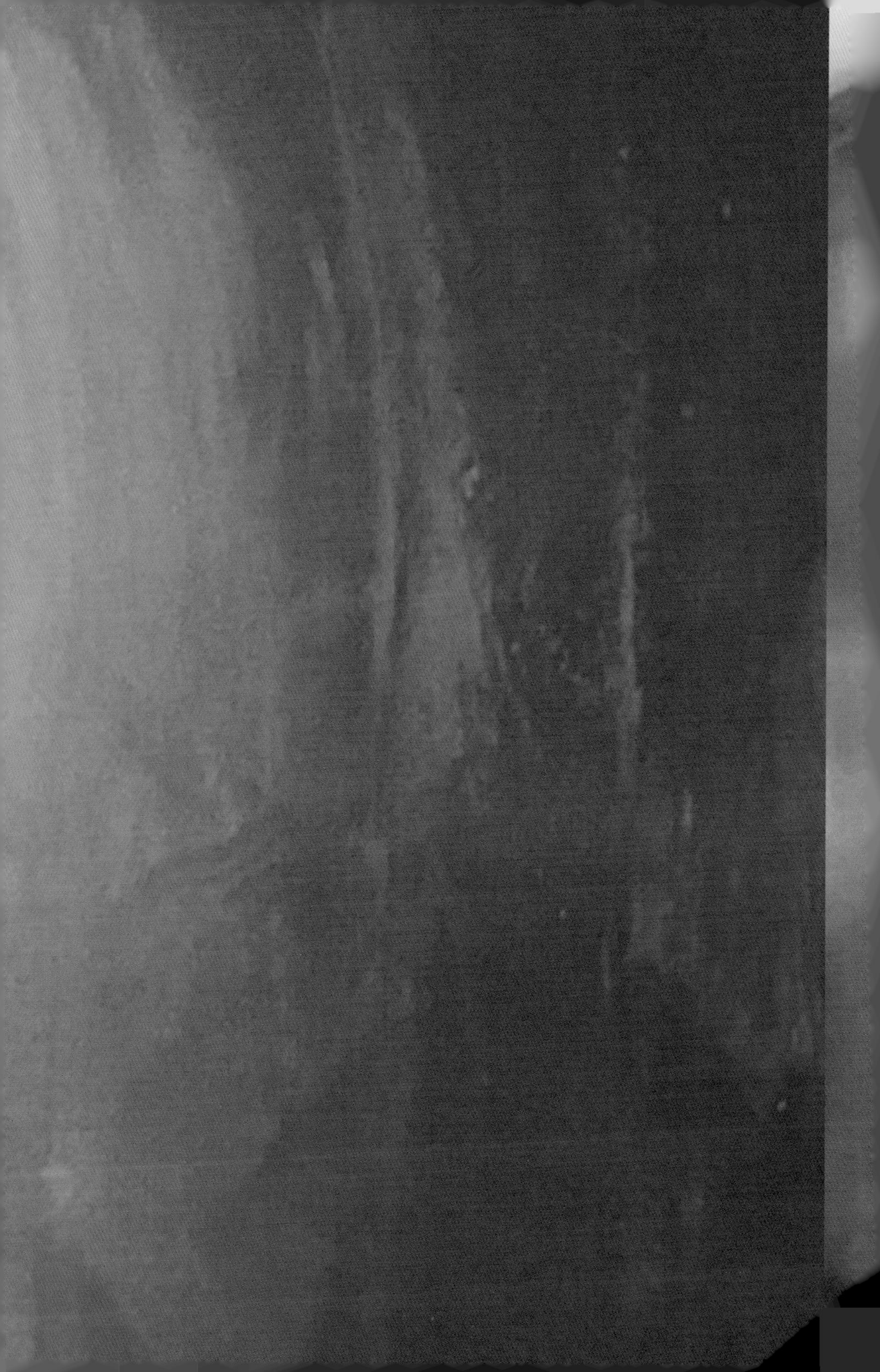

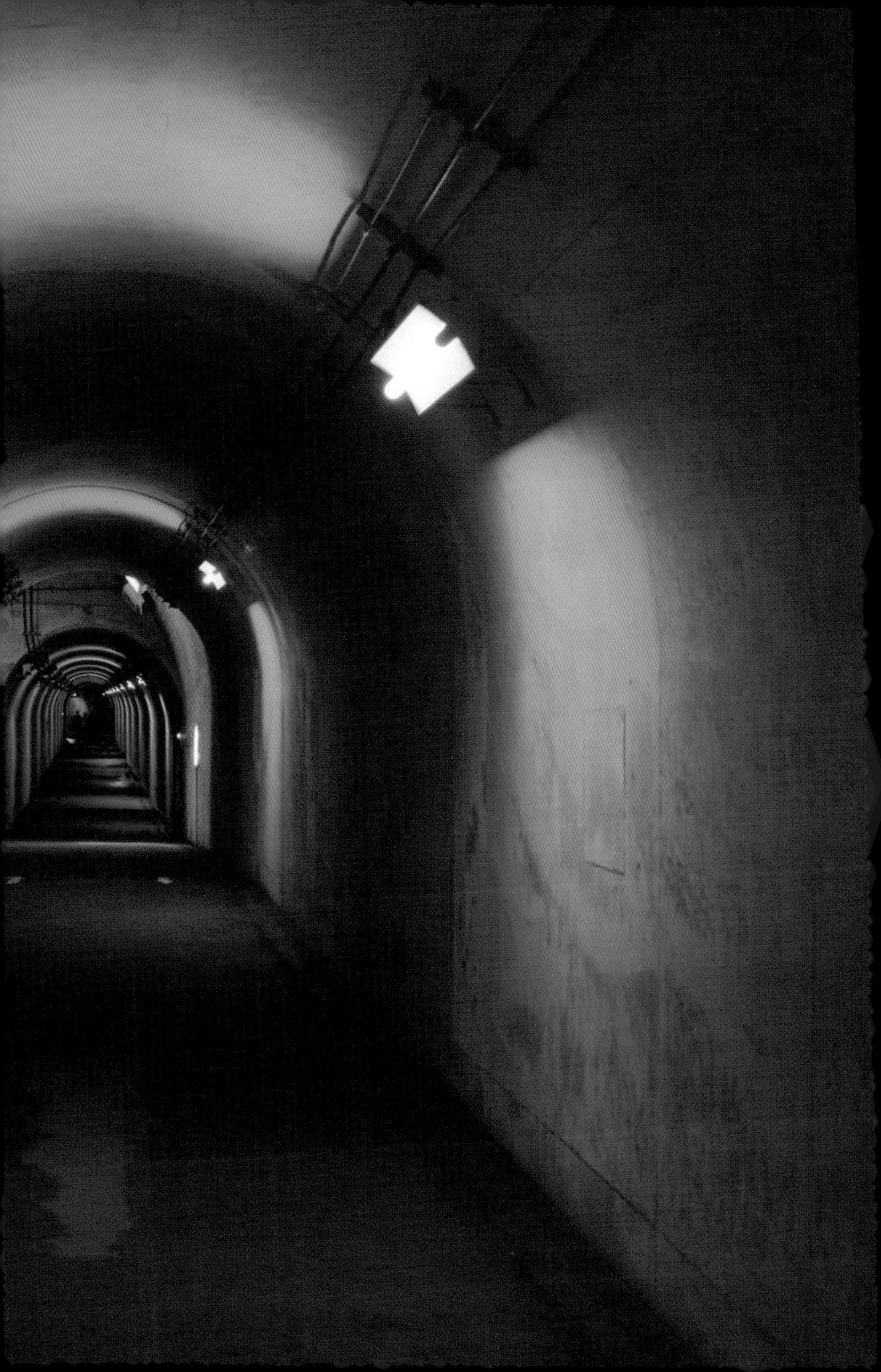

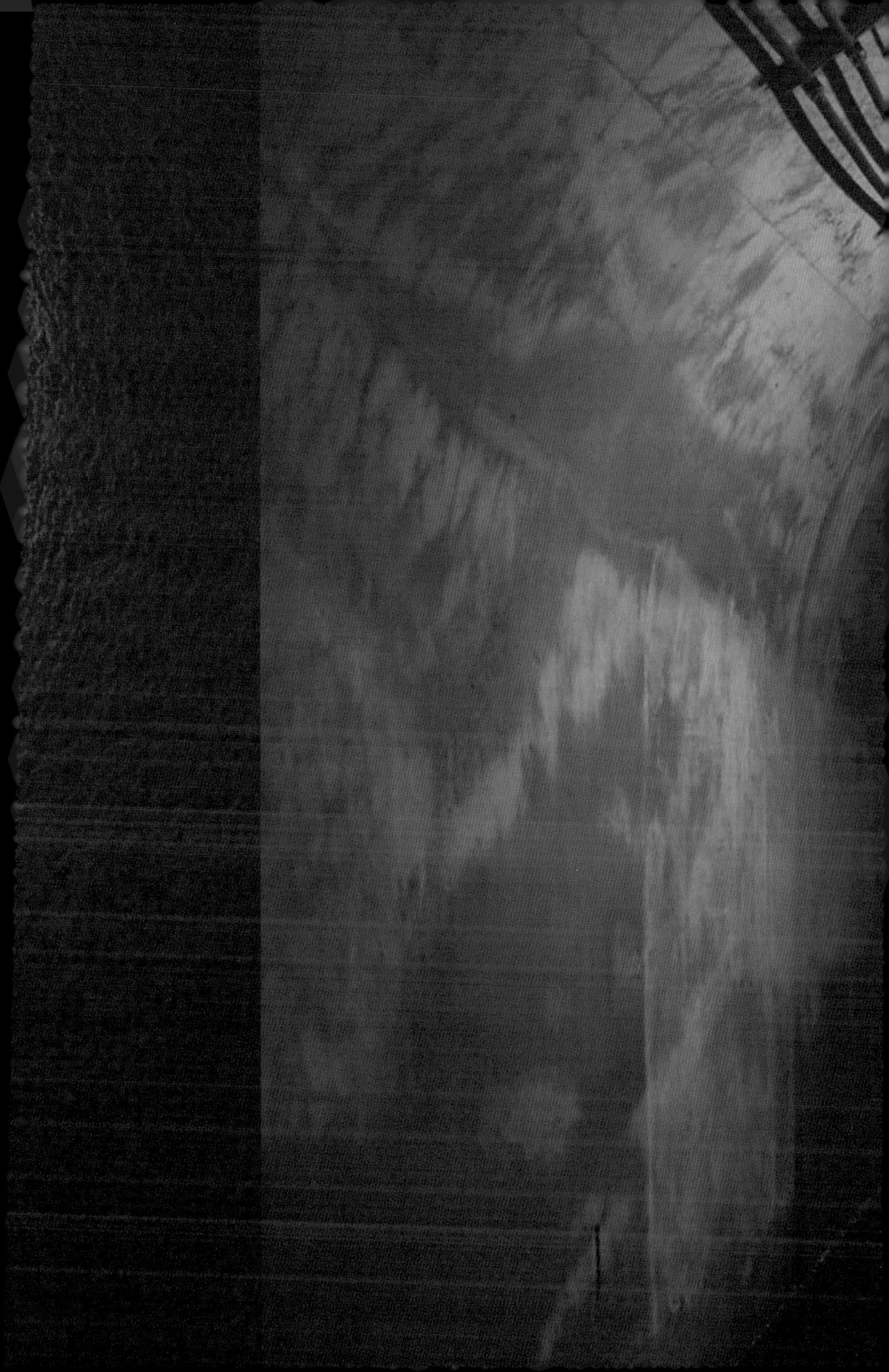

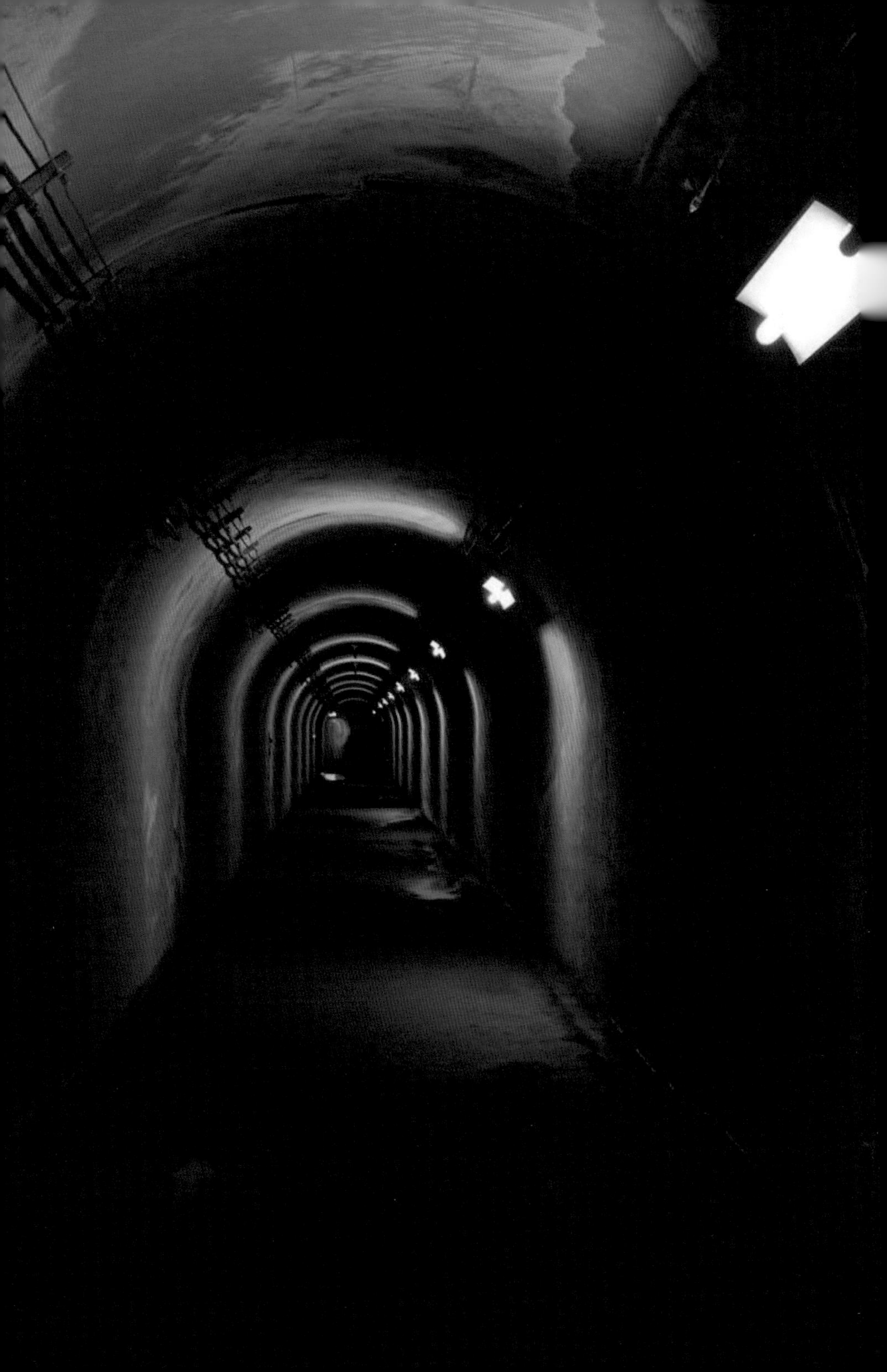

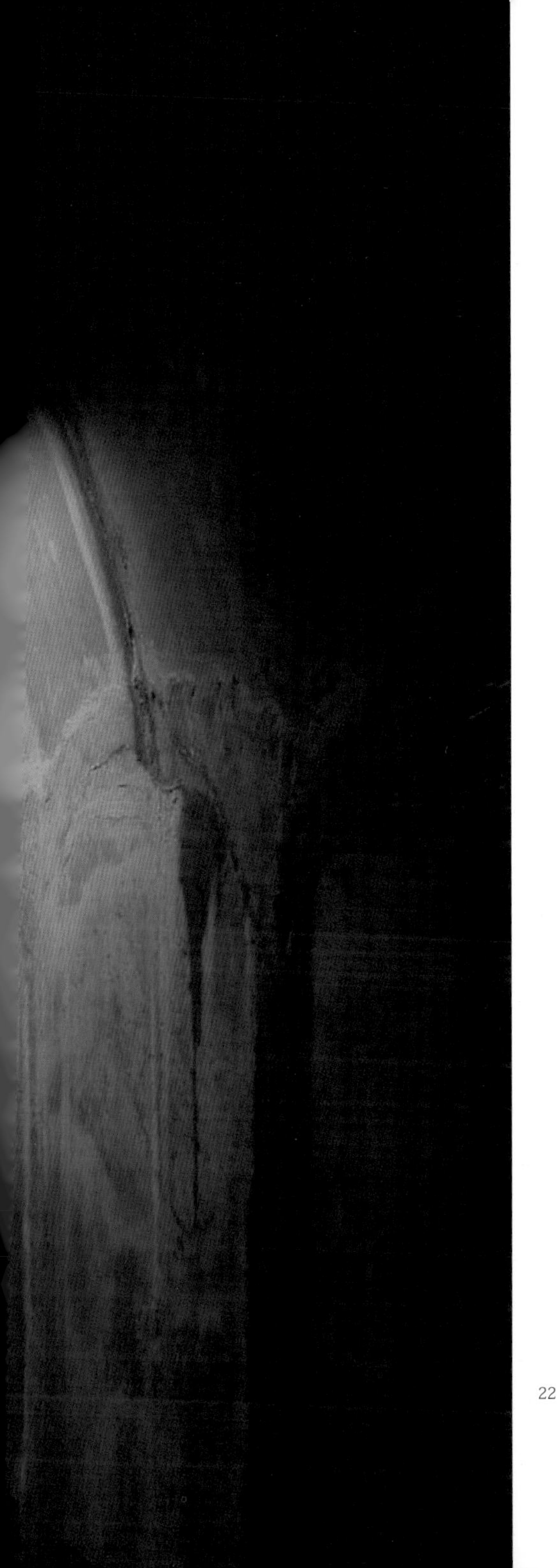

22

21 （图21包括35—38页的4张图）各种灯光颜色既和各个观景台以及入口相呼应，又模糊了隧道和观景台之间的边界，马岩松摄

22 （图22包括39—47页的8张图）Nacasa & Partners Inc.摄

泡泡

23

23 游客们站在观景台外沿，低头欣赏清津峡的景色。而这一场景，也正成为泡泡卫生间内的人眼前的“风景”

接着往前走，很快能到第二观景台。

这里放置了一个未来感十足的镜面泡泡，表面反射着隧道灰白色的内壁和外面峡谷的自然美景，就像一艘来自未来的胶囊飞船，自身消隐不见。

泡泡其实是一个卫生间。对着峡谷的一侧为男女通用，另一侧为女性专用。泡泡的镜面材质是单向透视玻璃，从外看是反光的镜子，从内向外看是透明的落地玻璃。如厕之时，清津峡的美景在眼前一览无余，甚至还能看到观景台上人们走来走去的样子。

你在里面看风景，看风景的人却看不到你。

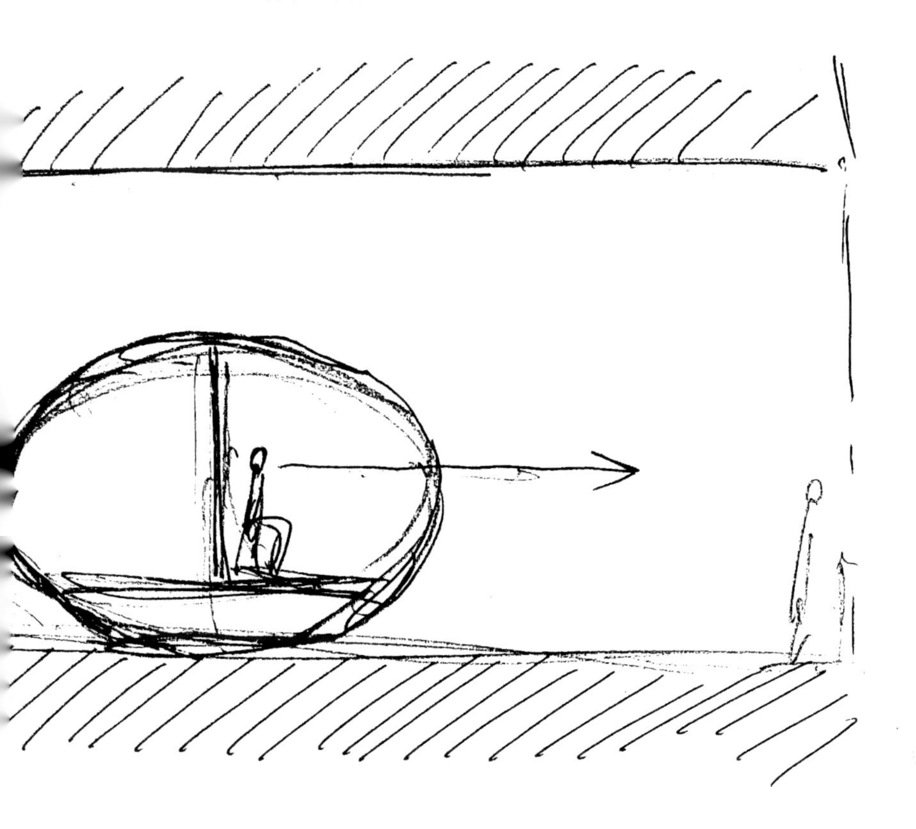

24 Nacasa & Partners Inc.摄

25

25 Nacasa & Partners Inc.摄

26

26—27 Nacasa & Partners Inc.摄　　27

在第八届越后妻有大地艺术祭举办之时（原定于2021年开幕），MAD应北川先生邀请，进一步对“泡泡”所在的空间进行设计改造，给三年前的作品赋予新的观感。

冰雪融水带来的新生的川流也在春天如约而至，MAD在新的设计中，用抽象的语言勾勒出清津川的奔流，创造出充满动感和力量的沉浸式空间体验。

游人一进入布满黑白条纹螺旋的空间，就像被吸入时空隧道，又仿佛跌入溪流的旋涡。空间外的清津川涌入隧道内部，泡泡镜面延续图形反射，叠加着视觉效果，随着人的移动形成无尽的万花筒，不停变幻；静止的时候，泡泡的形态与空间融为一体，在视线中消失。隧道之外激荡的湍流之声扑面而来，带来立体而强烈的感官刺激。

28 图片来自十日町市观光协会

28

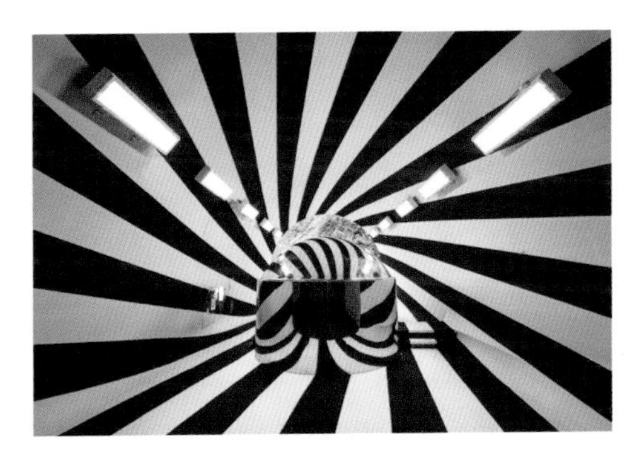

29

29 （图29包括本页的3张图）2021年，MAD在“泡泡”空间设计的新作“川流”（FLOW），中村倩摄

异世界

在隧道交叉口走进第三观景台，好像突然掉入一个有无数通道的异世界。

第三观景台的墙壁布满不规则的、水滴状的镜面，发出橙红色的光。与其说它们是镜子，倒不如说它们是一双双眼睛，在沉闷坚实的穹顶凿开一个个通往未知空间的窗口。

密布的镜面通过各种角度照映出观景台上的自己和他人，将之解剖成新的碎片式的形象，再经过几重反射后变得光怪陆离。

MAD的改造只是简单地利用此前已有的照明灯具走线，安置了橙红色的间接照明灯光，并将灯光和水滴状镜面组成模块单元。角度各异的镜面看似随机排布，却是精心配置，营造充满随机性和可能性的场景。

往峡谷的方向走，人的动态被四面八方的“眼睛”捕捉着，慢慢地，镜面上的反射图像从人物逐渐变换成青翠的大自然。被打碎的自然被镜面边缘的橙色光线包裹，如同昆虫眼中的“大千异象”。

30—31 向观景台外沿走去时，镜面上的景象从隧道内的暗红色逐渐变幻成峡谷里青翠的大自然景象，Nacasa & Partners Inc.摄

32

33

32 Nacasa & Partners Inc.摄

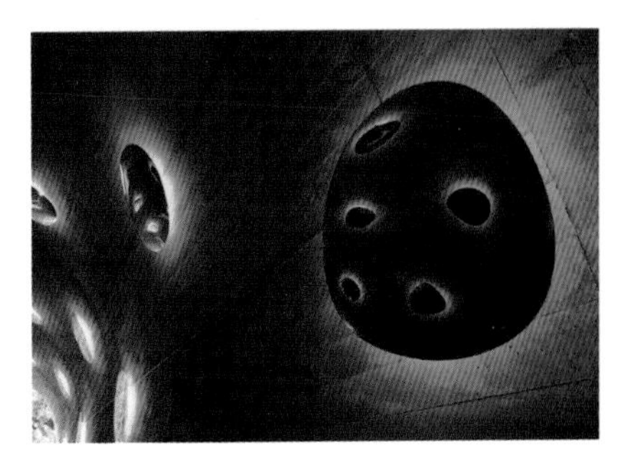

34

33—34 Nacasa & Partners Inc.摄

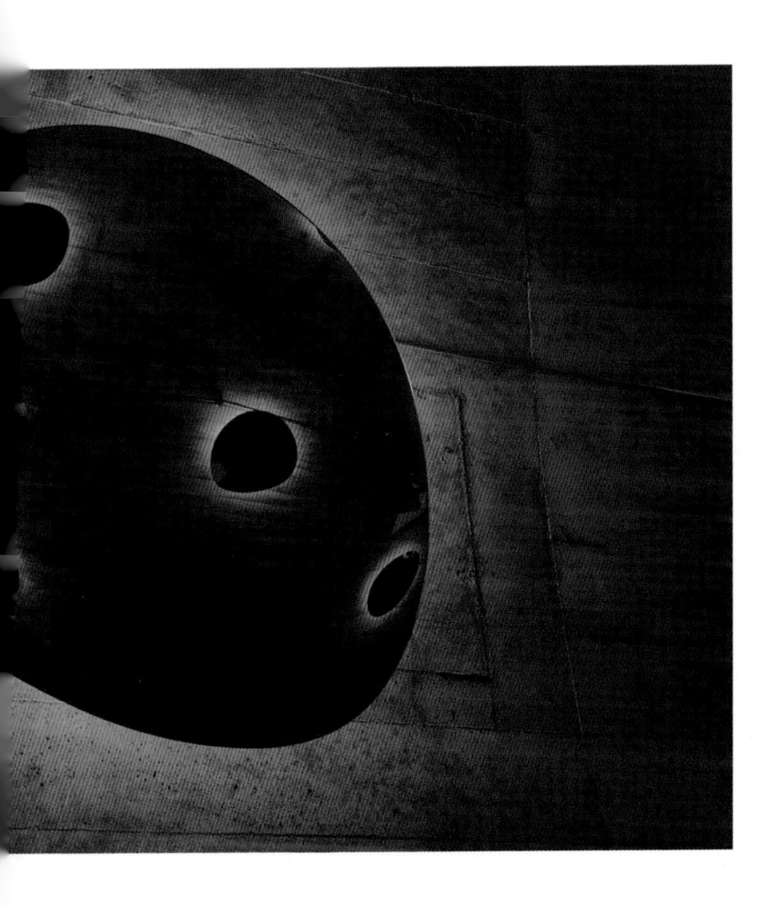

35 Nacasa & Partners Inc.摄

虚实风景

随着昏暗的蓝色光线走到隧道的最后，能慢慢看到尽头渗入的斑驳之光，继续向前走，便径直到达第四观景台——“镜池”。

相对前三个观景台都面向峡谷横向的岩壁，“镜池”是唯一正对着峡谷的观景台。这个空间本身有一定纵深，清津川又在遥远的断崖之下，人在刚刚踏入观景台时无法亲眼看到溪水，只会被湍流的激荡水声吸引着往前走。

MAD将地面设计成浅浅的水盘。外部的风景和观景台的洞口在水面形成倒影，虚幻的倒影和真实的风景，在水面完整的圆形中相融。

隧道的壁面铺设低反射的镜面不锈钢，峡谷的断崖及其下所流淌的清津川被反射成抽象柔和的影像，溪水的流动朦胧也在其中，这一切都随着观者的位置不断变换。不锈钢板一直覆盖到隧道的最外缘，虚实在此毫无边界。峡谷的美景渗入了原本单调的圆形混凝土空间，自然与人和人造之物相融，形成新的作品。

从第四观景台看出去，天空被峡谷裁剪成倒三角形。其下流淌着的清津川从远处奔腾而来，消失在自己脚下。外部的天空和溪水以各种各样的形态在空间之中被不断反射，清津峡动静相宜的美丽风光尽收眼底。如若在水中前行，流水声则会慢慢变大，与此同时，峡谷底部蜿蜒流淌的清津川也会逐渐进入眼底。

“镜池”之水取自清津川的山溪水，游客脱了鞋之后可以走进水盘之中，在炎炎夏日能为人带来一丝清凉。当有人到来时，静止的风景被扰乱，水面留下痕迹。人散去后，痕迹很快消逝，回归一片平静。静态和动态的结合提供了一个新观景维度，让人的行为通过水面的倒影和自然产生交互——在同样的时间中，自然并不是完全静止的，人的行为、在这里的来往，对于自然来说是如此短暂。

走近洞口，吹入隧道的风扑面而来，可以捕捉到随季节变迁而变化着的清津峡自然风景的不同表情。在这样的时刻产生的情感，想必也会随风景一起烙印在到访者的心间吧。

光、风、温泉和溪水、反射和色彩，MAD极为克制地仅使用最基本的元素，将其小心翼翼地添加到清津峡及观景台的空间特性之中，从而编织出作为整体的“旅程”。

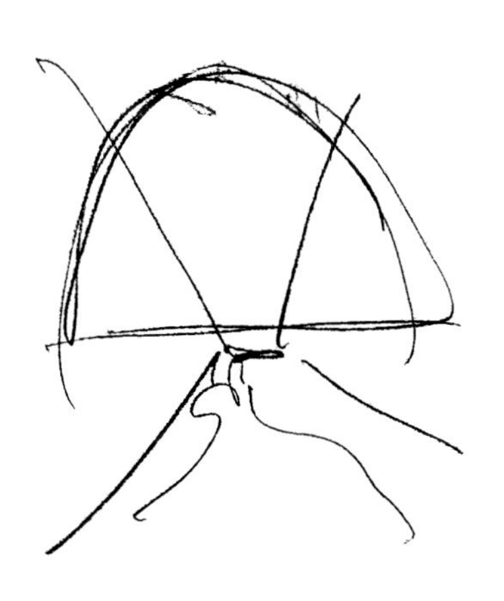

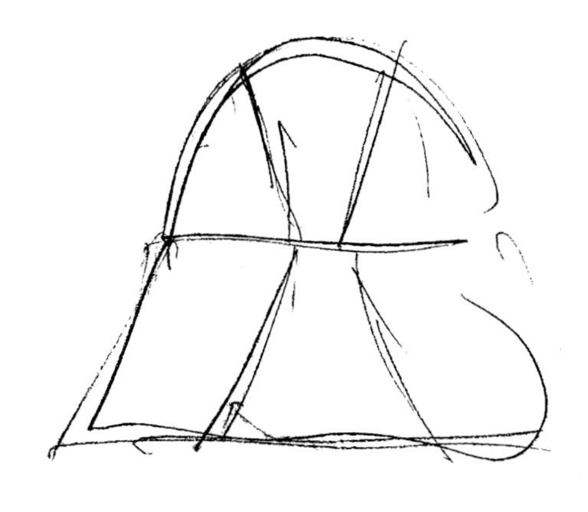

36 图片来自十日町市观光协会

37 Nacasa & Partners Inc.摄

38 图片来自十日町市观光协会

39

39 风景会随着参观者行为的不同而时刻变化。当没有人或者人群静止之时，水面可以反射极为鲜明的影像，中村脩摄

40

40 “光洞”空间是唯一正对着峡谷的观景位置。被峡谷裁剪成倒三角形的天空以及其下流淌着的清津川从观景台的尽头映入眼帘, Nacasa & Partners Inc.摄

41

41 马岩松摄

设计纪实

崭新的风景

早野洋介

MAD建筑事务所
合伙人

最开始，十日町市对清津峡隧道在大地艺术祭中的改造提出了以下三点主要要求：

一、位于隧道入口的建筑物是服务参观者的休息场所。因为已然十分老旧，需要进行重建。在新的入口设施中，需要将现今位于隧道内部的管理办公室和售票点移设过去，另外，需要加入商店和咖啡馆的功能。

二、原隧道内部并没有卫生间，而建有公共卫生间的停车场与隧道入口相距十分遥远。为了回应参观者和附近居民对于新建卫生间的诉求，需要在第一观景台设置卫生间。

三、用艺术的手法改造最深处的第四观景台，使其焕然一新，成为吸引更多人来参观的亮点空间。

我和马岩松两个人在 2016 年 12 月底前往当地考察。基地在十日町，那是以冬季超四米高的积雪而闻名天下的豪雪之地。虽然我听说今年是少雪之冬，但对于第一次访问此地的我们而言，眼前所呈现的正是“雪国”世界。雪将风景染成纯白，又将所有声音消去。在万籁俱寂之中，我们到达位于村落深处的清津峡隧道进行考察。

和艺术祭其他项目不同，清津峡隧道为十日町市政府所管理，因此在年关之后的 2017 年 1 月中旬，我们就需要向市长进行项目汇报。那时，我们所提出的观点是，如果仅仅遵从上文提及的三点内容进行改修，恐怕很难让清津峡的形象有焕然一新的改变。既然要进行改修，那么就需要将入口设施、隧道、四个观景台作为各不相同的空间来处理，使其成为让参观者能够切身体会清津峡自然之美的场所。

MAD 的概念是让这些空间赋予参观者连续的体验，以艺术为名打造空间整体，从而创造一段与清津峡自然亲密接触的“旅途”。

通常“隧道”指的是将物理意义上没有连通的两个地方通过挖洞的方式接连，一般会让人联想到交通基础建设。然而，清津峡隧道有别于此，它所连接的是观光者和通常无法窥见的自然风景。在这个意义上，这个隧道便拥有着不可思议的魅力。

换个角度来看，就如同潜伏在海面之下的潜水艇将细细长长的潜望镜伸出水面，眺望外部的世界一般。这个隧道可以看作“潜伏”在坚硬的岩壁中的潜望镜，人们通过它往外眺望，与清津峡的美丽风光相连接。

既然如此，我们就想利用自然之中各不相同的元素，比如光、水和风，来强化各个观景台的空间个性，刺激对这些风景不同的感知，将清津峡隧道所持有的魅力最大限度地引导出来。

这个隧道所存在的意义并非仅仅将“外部空间”和“作为目的地的观景台”两处相连接，而是通过将“远离日常的来访者自身所携带的感性”和“自然要素”相连接，从而成就参观清津峡新风景的艺术之旅。来访者一边走一边探寻自然风光，仔细倾听心中汹涌而起的感情，继而携带着由此产生的微妙变化再次回归日常。我们希望能让它变成这样的场所。

市长也非常认同我们的提议，说：“这是非常不错的概念，请一定要如此设计。但是由于预算十分有限，请运用聪明才智深化这个项目。”从这里我们就开始思考，如何才能将这个概念在各种限制下实现，并向着具体的设计推进。

当时我们也收到了北川富朗先生的意见，他说，在如此大规模的项目中，将最初的构想一直保持到作品最终的完成是极为艰难的一件事。这个项目和作为单体建造的艺术作品不一样，其规模牵扯到建筑和土木工程，会面对各种各样的条件与限制。在这之中，往往会因为被迫调整和妥协，使最初的概念失去光芒。如何在避免这种情况的同时实现设计概念，是对我们的考验。

所幸，在这场报告会中，到项目结束为止涉及的各部门相关人员都出席了。所以大家都充分理解了我们的概念内容以及十日町市市长的意向。在这之后，我们不断地进行沟通，在进行过程当中不断回望最初的概念：什么才是最重要的、要被保留的？如此，这个项目的竣工状态，可以说比预想的还要接近理想状态了。

同时，我们还面向居住在清津峡隧道所在的清津峡温泉街的当地居民举办了多场说明会。温泉街的人们世居在这里，见证了清津峡隧道带来的繁荣，他们之中也有对“隧道改造”的内容持反对意见的。我们在这些说明会上向大家解释我们的设计思想：我们将以清津峡和隧道历史为基础，为进一步提高其魅力进行设计。在说明会上，我们也倾听了各种各样的意见，和大家进行讨论。最后终于得到了当地居民们的支持，他们协助我们继续推进项目。

项目改造完成之后，自漫山新绿之春伊始，浓翠欲滴之夏，层林尽染之秋，银装素裹之冬，一年之间日日呈现表情多样、时刻变化着的清津峡风景。在这景致之中，伸出潜望镜，引入外部空间，将各个眺望处的风景以不同形式加以强调，并使其在外部自然和来访人们的情感之间来回荡漾，成就体验清津峡魅力的旅程。在这个意义上，我想我们大概可以称得上为这片土地稍微创造出了一些崭新的风景吧。

入口设施

42

和最初的方案相比较，入口足浴的屋顶材料做出了很大的改变。最初的方案是由木板构成，但考虑到诸如耐久性以及降雪等各种各样的因素，MAD 和 Green Sigma 着重探讨了材料问题。

由于牵涉到工程，预算也是大问题（我们并没有很充足的预算），最终使用了普通的屋顶材料。一般的做法就是直接把屋顶面材平铺上去，我一开始想当然地以为他们会如此处理。但令人意外的是，他们给屋顶设计了少许的高低差。这一点让我感觉到 MAD 非常厉害，在有限条件下尽可能地呈现高质量的设计。即使是很微小的细节，也不会偷工减料，而是做了很深入的思考。

完成之后，果然呈现了很现代的效果，而且仍然和周围环境融为一体。

——山本胜利（十日町市中里支所地域振兴课）

43

最早看到 MAD 对于入口足浴的设计时，我不是很能理解他们想让屋顶的镜子反射哪部分的景色。我一开始以为是想反射出清津峡溪水深处的景观，在设计深化的过程中，才发觉原来是想反射相当近的空间。对于这个想法，我在施工现场和各个工种的人员一起思考，努力地去达成。

42—43 冈本裕志摄

在调整镜子的时候，早野洋介先生和马岩松先生亲自到施工现场，反射哪里，如何反射，都是由他们亲自确认。

从表面上看，入口设施的屋顶是个颇为单纯的形态，由两个台形屋顶重叠而成，实际上在转角的地方，材料长度都是不一样的。

在设计上，屋顶需要能够承受 5 米的积雪，这就对屋顶的强度有所要求。要在管道里熔接许多小部件，而熔接时会产生热，导致材料发生形变。这就需要在制作钢骨的工厂里做调整，再运到施工工地进行现场组装。像这样的地方其实也花费了很多心思。

——濑户智（技术总管、董事）

每一个角度，每一块镜子，都是我们在现场和施工团队一点一点确定的。而且由于施工场地有限，最终施工时建筑的位置和角度较设计时有些许变动，但是由于要精确考量每个点位的视角所能观看到的镜面中的景色，这一点点的变动，就导致我们之前设计时所建立的模型都要相应调整。

——早野洋介（MAD 建筑事务所合伙人）

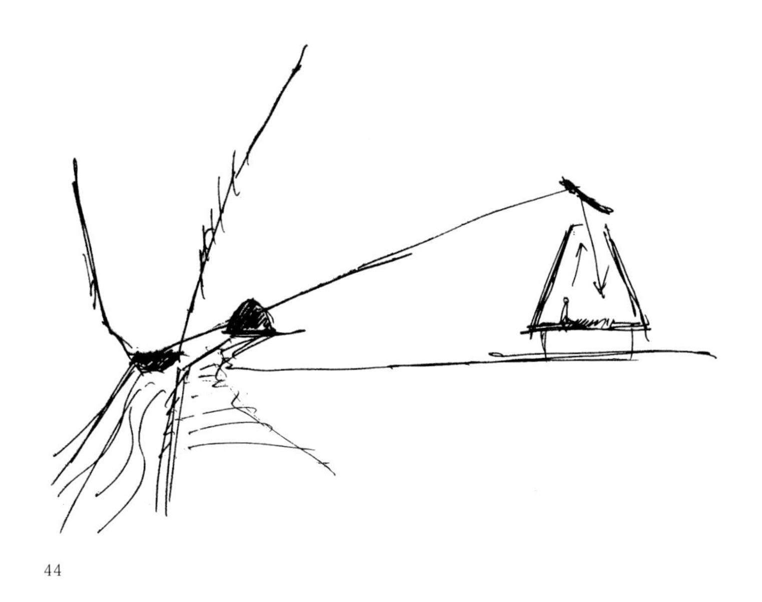

44

44 河流自隧道入口旁边流过，其景象被镜面捕捉，被送至足浴空间里的客人眼中

45

45 马岩松与早野洋介于施工现场调节镜面角度，© MAD建筑事务所

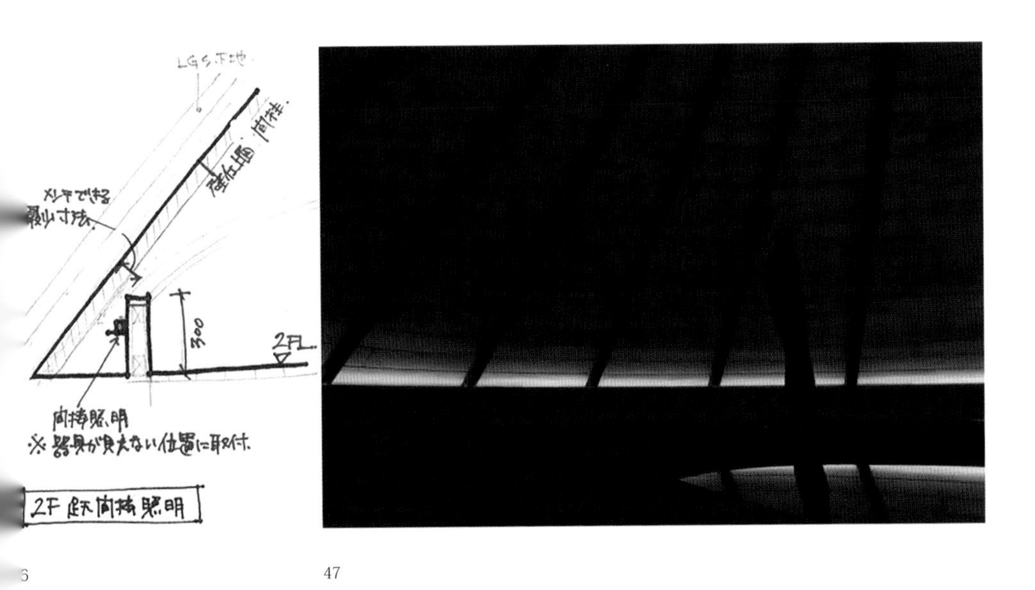

6　　47

46 为了保持手稿原样，图中为日文，后文同，图中日文对照如下：
LGS下地 轻型规格化钢结构（Light Gauge Stell, LGS）基础
壁仕上面　墙壁最后加工
間柱　间柱
メンテできる最小寸法 可维修的最小尺寸
間接照明 间接照明
器具が見えない位置に取付 安装在从外边看不见的位置
2FL 二楼地板
2F足元間接照明 二楼脚下间接照明

47 入口设施内渲染图，© MAD建筑事务所

48 （图48包括右侧的2张草图）根据镜子的位置和反射的方向确定楼梯的位置，使整个动线变得自然；这同时决定了首层楼梯开始的位置，以及接待空间的形态

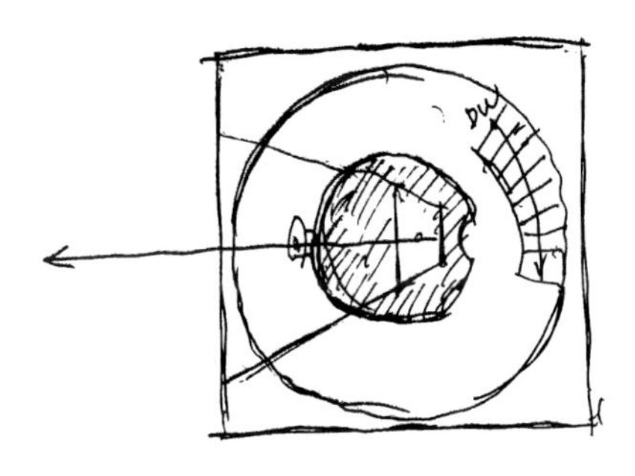

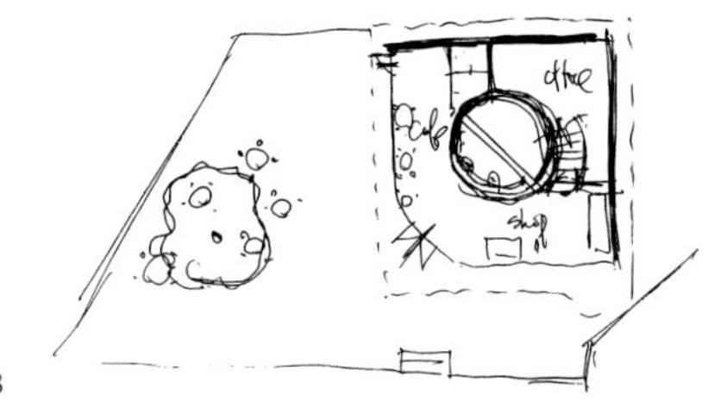

48

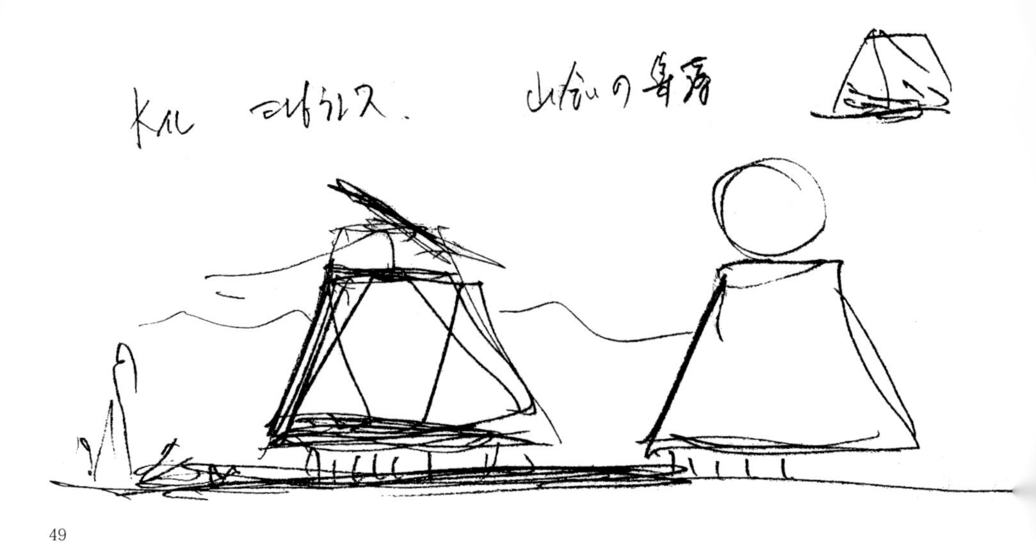

49

49 图中日文对照如下：
トイレ 洗手间
エントランス 入口建筑
山合いの集落 山区的村子

入口设施由于当地法规的限制，必须是传统的三角形屋顶。我们思考如何在屋顶上增加一面漂浮的镜子，来使其变得不一样

50 图中日文对照如下：
風の抜け 通风
音 声音

首层周围的空间成为在一个大屋顶下的灰空间；二层则通过将足浴供水的位置设在镜子一侧，自然地引导人们坐在其对面，面对镜子，观看河水反射在镜面上的景观

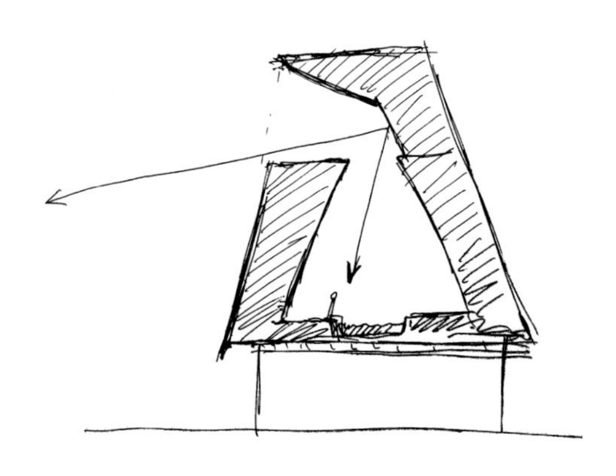

51

51 （图51包括本页的4张图）现场调整镜子角度，© MAD建筑事务所

隧道

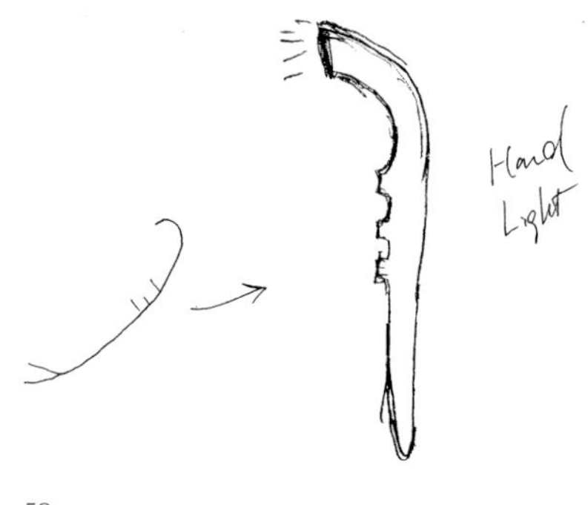

52

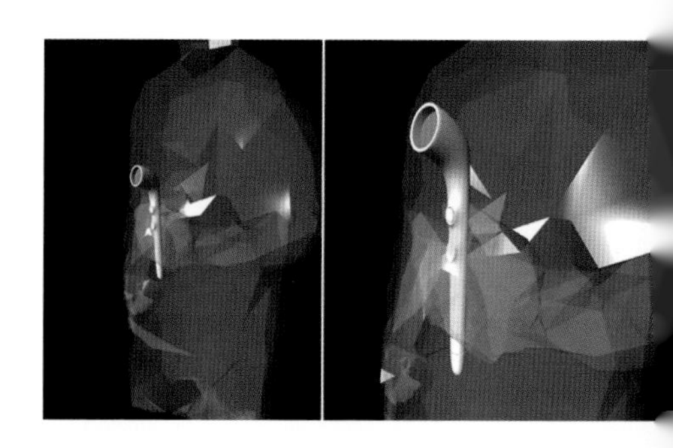

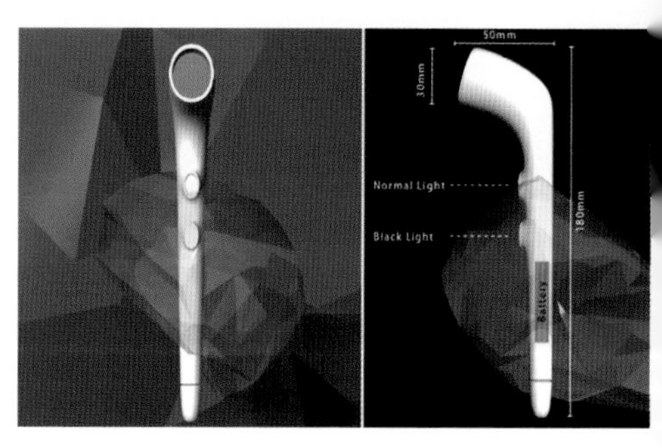

52 （图52包括本页的5张图）手提灯的形状由隧道抽象化的形态得来，侧面有三个按钮，顶端为灯头，© MAD建筑事务所

原本，人们需要在一成不变的灯光下枯燥地行走 700 多米才能到达各处观景台。我们把一些原本在墙上的照明灯取下，将亮度调低，同时将特制的有色滤膜套在照明灯管上，将整个隧道分为 5 种不同颜色的区域，也由此幻化出接连变换色彩的隧道。

我们本来打算把隧道内的人工照明设施全部关掉，给每位进入隧道的参观者发一盏手提灯，灯的形状正是隧道的形状，就像一支潜望镜。参观者只能靠自己和同伴手中的光亮指引前进，所有的感官都将变得十分敏锐，所有的体验都将被放到最大。然而出于安全考虑，最终放弃了这个方案。

——早野洋介（MAD 建筑事务所合伙人）

泡泡

原本设想将新的卫生间建造在第一观景台，然而在和当地人沟通的
程中我们改变了想法。为了让到访者感受到本次改修是基于清津峡
史进行的，让人们到达各个观景台时能觉察到时间的流动，第一观
台保留了1996年的模样，让人们得以窥见清津峡的过去。

——早野洋介（MAD建筑事务所合伙人

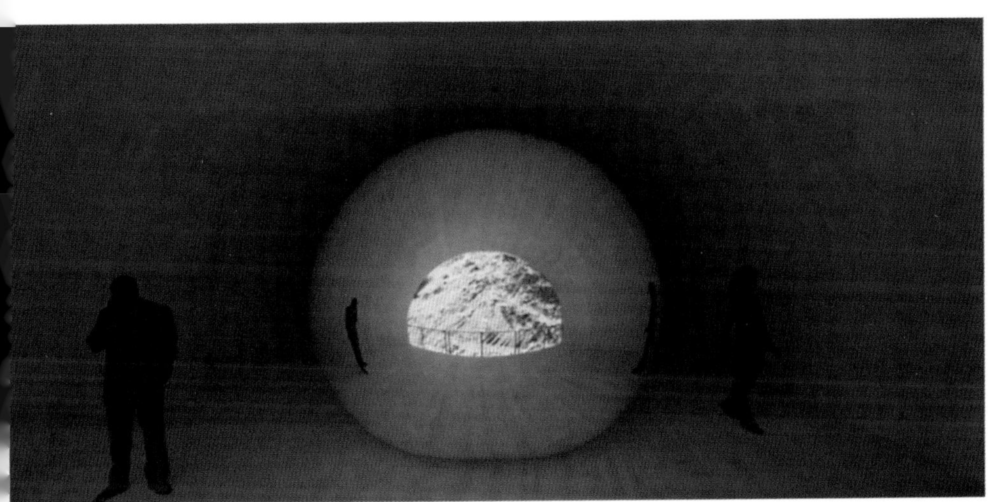

能根据 MAD 的设计方案，做出卫生间亚克力穹顶的公司，全日本只有两家。其中一家接受了我们的委托。

最早和工厂约定制作的形态比现在还要更为膨胀，穹顶的高度更高，也更为贴近 MAD 的设计意图。然而，在实际制作中，我们发现膨胀很难顺利进行。膨胀到一半的时候，就开始出现横向裂痕，穹顶就会随之坍缩。我们一共尝试了 7 次，有 6 次都这样失败了。唯一成功的就是现在看到的这个。

穹顶的表面用了一种名为“银镜涂装”的特殊涂装工艺，可以达到一种单向镜面的效果。最终实现了从里面可以透过单向镜面看到清津峡的自然风景，而从外部却不能看到里面的效果。

——濑户智（技术总管、董事）

53

53 © MAD建筑事务所

54

55

54—55 © MAD建筑事务所

隧道内的层高很低，施工作业面非常小，将多次试验之后唯一成功制作出来的拱顶运输进来，并放置于平台的过程是非常惊心动魄的，因为稍有不慎就会蹭到隧道顶，万一表面的喷涂有了任何划痕，我们几乎没有时间和资金再来制作一个新的拱顶。

——宫本一志（原 MAD 建筑事务所建筑师、项目建筑师）

56

56 © MAD建筑事务所

57

57 （图57包括本页的3张图）© MAD建筑事务所

58 © MAD建筑事务所

镜池

关于镜池空间有个很有意思的事情。市政府的负责人对于镜池空间究竟能不能达到反射效果很担心。他们将给小孩子用的塑料游泳池底面贴上黑色的塑料袋，里面装了水，搬到了施工的工地现场来做实验，确认倒影效果。

我觉得很有趣。我也跟他们解释了“只要底面是黑色的，就肯定会有反射啊”！但是对于他们来说，光嘴上说是不够的，而是做了这样一个实验去确认。

——濑户智（技术总管、董事）

59

59 © MAD建筑事务所

60

60 © MAD建筑事务所

清津峡故事

1941—1996年

随着清津峡成为国家名胜风景及自然遗迹区，加上日本经济的空前腾飞，每年秋天慕名而来的游客络绎不绝。

2016—2018年

在进行改建的那一年，即2016年，清津峡隧道年游客量大约为5.9万人次，已经下滑到盛期的三分之一左右。

2018年

据统计，改造完成之后的2018年，清津峡隧道年游客量达18.3万人次，是改造前客流量的三倍。

托这次改建项目巨大成功的福，在并非艺术祭举办年份的2019年的黄金周以及盂兰盆节，清津峡也迎来了很多观光客，这样的情景在往年是不曾有过的。

2019年

“光之隧道”影像资料呈现于日本文化部推出的“日本博”全球宣传片中，与其他四种从古代沿袭到当代的传统艺术共同为日本文化代言。

《日本时报》、*Nikkei×TECH*、*Designboom*、*Dezeen*、《周末画报》、《三联生活周刊》、人民网等国内外媒体都报道了中国建筑师马岩松在日本改建的这件振兴乡村文化与经济的艺术作品。

2019年，清津峡隧道年游客量达29.6万人次。

2021年

突如其来的COVID-19疫情影响了很多人的生活，也更加凸显当年关于艺术、人类和自然之间关系的创作之珍贵。原定于2021年举办的第八届越后妻有大地艺术祭被推迟。应北川富朗先生邀请，MAD对“泡泡”所在的空间进行设计改造，呈现新作品“FLOW”。“FLOW”延续以自然为创作背景的主旨，带给人新生的希望。

61

62

61—62 图片来自十日町市观光协会

63

63 图片来自十日町市观光协会

64

64 图片来自十日町市观光协会

65 图片来自十日町市观光协会

67

66—67 改造前的隧道，© MAD建筑事务所

68

69

70

68 改造前的第一观景台, © MAD 建筑事务所

69 改造前的第二观景台, 后改造为“泡泡”， © MAD 建筑事务所

70 改造前的第三观景台, 后改造为“水滴”， © MAD 建筑事务所

71

71 改造前的第四观景台，后改造为“镜池”，© MAD建筑事务所

72

73

72—73 © MAD建筑事务所

74

75

76

77

78

DRAWING ON THE FIVE ELEMENTS

79

74—76 © MAD建筑事务所

77 在2019年“日本博”全球宣传片中，“光之隧道”与其他四种从古代沿袭到当代的传统艺术一起，为日本文化代言

78 日本媒体*Nikkei × TECH*报道

79 韩国杂志*Heritage Muine*报道

“光之隧道”带来的地区复兴

80

讲述者

关口芳史（十日町市市长）

关口芳史先生任职十日町市市长已达10年之久（采访时间为2019年），同时兼任越后妻有大地艺术祭执行委员会的委员长。

他于1959年出生于十日町市，在这里生活到15岁，随后搬去东京度过了高中以及大学时代，并在东京的企业就职。36岁时辞职回到了家乡。返乡之后，首先在十日町市工作了一段时间。随后，在市政府担任了相当于现在十日町市副市长的角色，也曾在新潟县的三条市担任从事会计事务的地方公务员。

80 冈本裕志摄

在清津峡改造之前，我也会到清津峡隧道去游玩。那时候，走到最后的观景台总觉得距离有点远。而且随着时间的推移，它已经变得陈旧不堪。那时我就有很强烈的愿望想改变清津峡隧道，想用艺术的力量赋予其焕然一新的面貌。后来在和MAD研究方案的过程中，产生了各种各样的想法，经过反复探讨，形成最后的实施方案。而最终，比起在各种图纸上看到的，实际建造出来的东西达到了超出想象的精彩和震撼。

方案和我们的初衷是完完全全吻合的。改造之后，隧道之旅变得既兴奋又享受，欣赏着几个观景台所呈现的各种各样的风景，不知不觉便走到了最后十分精彩的水镜的位置。经由水面反射而成的风景，以及不锈钢墙壁反射的风景，实在出人意料。很特别的是，那个空间是逆光的，人在其中会成为剪影。

在"镜池"这里，大自然的壮丽景色被映射进来。越后妻有有着四季分明的气候特点，春季漫山新绿，夏季浓翠欲滴，秋季红枫层林尽染，冬季则银装素裹，作品很好地与之契合。在那里，周遭映射的景色和欢悦的人群的剪影相互衬托，相得益彰。人们的脸庞是无法被清晰看到的，但是通过身影传递出来的愉悦，可以看出他们真的是在尽情享受着越后妻有的自然之美。这个效果令我深深佩服MAD。现在我经常带客人去游览，我自己也会享受其中，一次又一次地被打动，也感觉不到隧道有750米之远。

借由大地艺术祭，这片土地上诞生了许多艺术作品，但如今在越后妻有地区，"光之隧道"无疑是最有人气的。来观光的客人非常多，它也在网络平台上很受欢迎。以前去清津峡的观光客多数是以老年人为主的欣赏枫叶的人群，而现在吸引了完全不同类型的观光客，年轻人也很喜欢来这里。

在大地艺术祭的诸多艺术作品中，“光之隧道”脱颖而出且备受瞩目。这里接受了很多电视台、报纸和杂志的采访，而且都是一流媒体。他们带着最新技术来录像，有的时候虽然已经录过一遍了，但由于光的进入方式不同，空间有了新的变化，于是重新录制一遍。这也让我意识到原来这个项目如此受社会关注。

这些媒体首先关注作品的艺术性：“光之隧道”有着十分新颖的视觉效果，提供了从未有过的新鲜体验；再者，喜爱探究故事的人会挖掘过去的历史。这里曾经发生不幸的事故，使人们无法再充分欣赏清津峡的美。出于无奈才挖的隧道，一开始还能吸引到很多观光客，但游客数量逐年减少。现在凭借MAD作品的力量，观光客数量才再次爆炸性地增长。不少人对这段故事很有感触。

清津峡之于十日町市是如同玄关一般的存在。“光之隧道”作为艺术品有着强大的力量，使十日町市、越后妻有地区的吸引力有了大幅度提升，从而吸引更多的观光客来到这里，为地区再生做出贡献。

大地艺术祭是2018年举办的，当时来了很多观光客，2019年虽然没有举办艺术祭，但来到这里观光的人反而更多，这就证明了这个作品的艺术影响力。

清津峡是景色壮丽的峡谷，坐落于国家公园之内，以奇石为特色，妙趣横生。同时又有着风光娟秀的村落。非常遗憾的是发生了落石意外，人们无法再进入山谷。当时的人们因无法再接近宝贵的自然遗产而忧伤。

我的朋友山本先生原来是中里村的村长，中里村坐落在清津峡地区。那么美丽的自然景观，无法再让人体验了，这让他觉得十分遗憾。虽然挖掘了隧道，但是如果仅仅在隧道里面看的话，无法看到真正的美景。他非常希望人们能够再次进入峡谷。“虽然很危险，但要想办法解决危险的因素，让人们可以像以前一样穿越山谷。”他这样说着。

山本先生后来去世了，这成了他的遗愿，也成了我一直以来的一个心结。这次凭借出色的艺术作品，隧道获得重生。虽然没能完全实现中里村村长山本先生的遗愿，但更多的人可以欣赏清津峡之美，我想这也算是回应了山本先生的心愿，令人欣慰。

“请一定来这里看看”

81

讲述者

桑原清，清津峡温泉组合长、清津馆温泉旅馆主人

桑原清先生是清津峡温泉组合长，同时自己经营着一家温泉旅馆。作为温泉组合长，他的职责非常繁重，他以守护这个地方的自然、保证人们的生活质量、维护温泉和温泉管道设施为目的，和政府的人员协同合作，召集当地人一起做一些工作。另外，同时经营一家旅店的他，一整天的时间都满满当当，从早上就开始忙碌，在缝隙之间，处理各种组合长的事务，以及观光协会的一些事情，几个方面的工作轮流转。桑原清的店给人的感觉不像是一个单纯的旅店，更像是地区的据点。大家凡是有事情，总是先来这里和桑原清聊聊。自豪而好客的桑原清热情邀请大家来清津峡亲近自然，体验温泉，品尝这里的大米、酒和山菜。

81 冈本裕志摄

大约在200年前，在清津峡溪谷地区涌出了温泉。人们将温泉从那里引到了此地。当时最早是我们家隔壁做起了温泉旅舍。那里是这条温泉街的起点，之后周边的人也纷纷来此定居，形成了现在温泉街的规模。

当时主要的客人是登山客，或者是以温泉作为旅行目的地的观光客，十分热闹。这大概是登山道还没有被封闭的时候的事情了，那时可以沿着河流一直走，有大约12千米的登山道供人徒步穿越山林。在10月枫叶时节，全国各地旅游的人们，甚至许多世界各地旅游的人都会慕名而来。

以前的步道紧贴着河流，极为狭窄，就在柱状节理石壁的侧面，走在其中能感受到自然的恢宏气势。这才是原本清津峡的面貌。

后来因为事故，登山道被封锁了，这里的人们一直在思考着该怎么办。因为这里属于国家自然保护法管辖的区域，外部的建筑物是绝不允许的。众人合力商讨的结果，是向国家申请建一个隧道，因为主要的建筑行为是在山体内部，这一提案最终被允许了。

隧道建成之后的一段时间，由于非常有话题性，吸引来了很多观光的客人。所谓隧道其实是为了让人观赏景色，这个目的是达到了的。因为之前可以行走在山体边的登山步道上，享受身处自然之中的景色。后来在隧道里，只能看到被隧道空间所框定的角度，我个人觉得非常遗憾。但不管怎么说，景色至少还是能看到了。

不过隧道也有个好处。原本峡谷在冬天下雪时是无法进入的，有了隧道之后，即使冬天也可以进入隧道去看峡谷的景色。

话虽如此，仅仅为了供人看石壁建造的隧道，其内部空间非常单调，观光客的数量一直在渐渐地减少。

凭借大地艺术祭的绝佳契机，艺术家来做了改建。隧道作品，连带着景色，都成为热门话题。在竣工之后的预开幕式上，我们有机会可以进入隧道参观，走到位于最深处的“镜池”空间，看到水镜的一瞬间简直不敢相信自己的双眼——这个想法太新颖了。

除了大家都很喜欢的镜池，我个人觉得很不错的还有橙色灯光的部分，光线和镜面构成的空间感觉非常震撼，很出人意料。

隧道改造完成之后，来这里的游客确实增加了许多，我们旅店又结合隧道做了一些策划，最近多了一些年轻人来参加。

我非常希望朋友们到这里来接触自然，尽情享受隧道空间，或者下到河流边上，亲近河流，还可以在入口的足浴放松自己，抬头欣赏镜子中反射的风景。而且这里的温泉非常滋养皮肤，希望大家一定来体验。

这边的大米、酒和山菜都很好。这些食物和季节息息相关，从春天新绿之后，各种各样的山菜都能采摘到，是自然的食材；秋天会有越光新米上市，大米是新潟县的名产，特别是这个地区的。请大家一定要品尝。

与“光之隧道”有关的故事

2

村山久江 村山庄民宿主人

我出生在十日町市，刚刚嫁到这里来的第三天，突然来了50个人想要住宿。当时是10月，枫叶最为鼎盛的时候。沿着登山步道，从溪谷另一端穿越过来的观光客会登门住宿。他们会说：“随便睡在哪里都可以，麻烦请让我们住宿一晚。”那时候我刚刚嫁过来，觉得非常震惊：”难道接下来的每天都要这么忙吗？”

后来慢慢地人数就减少了。一直到1988年在溪谷深处发生了意外事故，溪谷的登山步道就禁止通行了。在那之前，发生在1984年的灾害摧毁了我们家的民宿，在1986年我们重建了旅店。我的丈夫很想经营食堂，所以后来旅店也加开了食堂。

住宿的客人一般在早上10点退房，接下来我们就开始为11点开门营业的食堂忙活。一直都是以这样的节奏在工作，非常忙碌，直到经济泡沫破碎，大概是1990年。经济非常不景气，我们同时经营民宿和食堂，非常珍惜回头客。

这次改造让很多人都知道了这个地方，很多媒体也过来取材。像这样日本全国各地的人都关注这里，还是头一次，真的很好。从汤泽坐着巴士过来的观

82 冈本裕志摄

光客，会在停车场下车然后步行过来，有的向我问路，我就会回答，要再往深处走，大概还要走两千米，听到的人会大吃一惊，但看到漂亮的景色后，都觉得不虚此行。

这里的荞麦非常好吃。在荞麦面中加入山牛蒡叶是非常传统的做法，广受好评。这里的夏季十分凉爽，枫叶季节也很美丽，在冬季，可以穿着雪鞋在雪中行走，还可以看到各种小动物在雪地上留下的脚印，很有趣。

83

上村喜子 溪谷食堂主人

我出生在这里，从1979年开始经营一家饭店，一直到现在。这里的荞麦面使用的是生荞麦，非常美味，而且是用从山里引来的山泉水清洗的。希望大家有机会请一定过来品尝。

这次隧道改造，让我们的客人增加了很多，尤其是远方的客人，有很多外国人。真的非常感激。虽然和客人没有什么具体的交流，但我会观察他们吃饭的样子，看到他们津津有味地吃我们店的食物，就会觉得很感激。

83 冈本裕志摄

最喜欢的部分是最后的镜池空间，它让人十分感，远超出想象。地面的水池漂亮地反射着风景，梦如幻，真的很棒。根据角度不同会呈现不一样效果，有的时候我会看到来的人发在社交网络上照片，我不知道的地方也有很多人发现并拍照上，觉得很有意思：居然还有这么好的地方呢。看客人们从很细微的地方体验自然，真的很感激。

4

德井靖 溪谷隧道管理人

我所在的公司名为株式会社Nakasato，从事十日町到清津峡地区的物业服务。我从2019年4月开始成为管理人。具体的工作内容包括：从业员的管理、清津峡溪谷隧道的清扫、其他相关服务的委托，以及和十日町市政府之间的联系协调等。我一般都是早上7点45分到这里，开始进行营业的准备工作，清津峡隧道是从8点30分开始正式营业，那之后，我就开始做前台接待的工作、接电话或在隧道里巡视等。工作期间也会有一定的休息时间，营业时间结束后进行打扫工作。

因为“光之隧道”是一个艺术作品，在营运过程中需要各方面的维护管理，所以工作量肯定是增加了的。确实有很多国外的客人过来，但我和大多数当地人一样不会说英语。有的时候会被说英语的人搭话，我就只能用日语回答他们。

84 冈本裕志摄

我最喜欢的是最后的镜池。每天都会有变化，觉得很好。现在的客流大概到了改造之前的三倍之多，没有想到会有现在这么巨大的反响，真的觉得很感激。

85

左：藤村真美子 Chadkan小食摊摊主

右：大庭 Hitomi Chadkan小食摊摊主

我出生在大阪府。大学时期是在九州度过的。开始是在东京工作。在工作时期，参加了大地艺术祭的小蛇队，和这个地区结下了一些缘分。东日本大地震发生的时候，我就不想在东京继续生活了，想去乡下。这成了我一直以来的心愿。后来由于加入地域振兴协力队来到这里，喜欢上了十日町的清津峡地区，这里是个非常有魅力的地方。大概活动了三年，我从2019年的4月开始了取名为Chadkan的活动，即经营贩卖孟加拉咖喱的移动餐车。大庭女士是我的合作伙伴，她虽然出生在东京，但对乡下一直心生向往，想试试在自然当中生活，后来趁机会参加了地域振兴协力队的活动，机缘巧合下来到了十日町。

Chadkan是孟加拉语，意思是茶屋。我在来到十日町之前，因为海外青年协力队的工作，去了孟加拉国，有了在那里的经验和地域振兴协力队的经验之后，想把孟加拉式咖喱料理带到这里来，充分发挥这里的食材原本的味道。

85 冈本裕志摄

最喜欢的是最后的镜池部分，以及隧道中的灯光，大庭最喜欢红色部分，她觉得那里像是外星球。只有艺术家才能发现的清津峡的魅力，这种展示的方式让我很兴奋。比起以前，客人增加了很多，就算是平时也有很多人过来，而且年轻人特别多。比如今天就有一位来自斯里兰卡的客人吃咖喱。他日语很好，说很好吃。

我希望朋友们来了之后能去村子里转转，散散步，和农人一起播种，或者收割水稻，感受四季的流转，听老人讲各种故事。

86

导游

这次来到清津峡隧道是我们推出的新策划。新潟县是我们秋季老年团旅游线路当中的一个，以前会去坐八海山的索道和升降机，后来听说这里有海外事务所设计的隧道，非常热门，于是就把这个地方加入了我们的行程。

我最喜欢的还是“镜池”空间。确实不像是日本人能想出来的点子。路上客人一直在抱怨，下着雨干吗还要跑这么远。但是等到了那里拍照了之后，他们就会感叹说能过来简直太好了。这个空间非常“网红”，成了大家非常喜欢的拍照舞台。

86 冈本裕志摄

另外卫生间实在是太有趣了。最早来这里之前，我给景区打电话问这边有没有卫生间。他们在电话里回答，隧道里是有卫生间的，但是稍微有点特别，如果想上厕所的话，最好在停车场附近解决。被这么告知了之后，我就非常好奇，更想去看看了。来了之后果然大吃一惊。我后来就跟我的客人们说，来清津峡隧道，“镜池”空间和卫生间这两个地方，请一定要体验。非常有趣。进去的一瞬间真的会很惊讶。

通过这次设计改造，隧道真的是焕然一新。以前就像是一个洞穴。虽然也有一些展示啊策划之类的，但完全没有现代的感觉。而现在的空间，包括一些灯光的配置，都有种将人吸进去的感觉。总体来说我很被打动，这是个让人心情激动的地方。

87

年轻女孩

我是从妙高过来的，看到社交网络上有很多漂亮的照片，就开车来玩了。改造之前我并没有来过这个隧道，今天是第一次来，非常喜欢第三个观景台，红色的灯光，像是有一堆小气泡一样的地方，它很可爱，我很喜欢。

87 冈本裕志摄

年轻情侣1

我们是从新潟市过来的。在网上看到这里的照片，觉得很漂亮，想来亲眼看看。我最喜欢最深处的“镜池”空间，它给人一种很静谧的感觉。就是为了看那里我才过来的。

我也是从事建筑行业的，非常想参与到这样的项目中来，但我想这里的施工方法应该很难，要是真的来做的话，我还没有这个勇气，但是心情上是很想试试看的。

这里的光线太美了，请一定来一次。

89

年轻情侣2

我们是从新潟市的中央区来的，这里在社交网络上非常有名，就想过来看看。改造之前我并没有听说过这个隧道。我非常喜欢最后有水盘的地方，那里非常漂亮。那个卫生间我们没敢使用，但进去看了一下。看见外观的时候觉得很有未来感，但没有想到是卫生间，吓了一跳。我非常喜欢这个隧道。

88—89 冈本裕志摄

90

90 © YUUKI TADOKORO

91 © Ayako Yoshida

92 © Koji Nakao

93 © Koji Nakao

94 © cookie 4989

95

95 © cookie 4989

96

96 © cookie 4989

97

97 © cookie 4989

跋

隧道之光

方振宁　日本当代著名华裔艺术家、建筑及艺术评论家、自由撰稿人

“光之隧道”是来自中国的MAD建筑事务所，在日本西北部为改造一条有着20多年历史的观光隧道而取的名字。所谓隧道，就有入口和出口，如果“光之隧道”是随着入口而前行的命题，那么从和它对视的他者角度即从出口来看，命题即“隧道之光”。

隧道全长约750米，在20多年前为方便人们游览日本三大峡谷之一的清津峡而建造。如何让这条隧道重新回到观光者的视野？越后妻有大地艺术祭的组织者，把改造它的计划委托给了马岩松和事务所。MAD对四个隧道观景台进行了改造，其中媒体曝光率最高的是第四观景台，也就是隧道尽头的“镜池”。由于“光之隧道”的问世，当地的参观人数增长了几倍，那么它吸引众多观光者的秘密是什么？

从“镜园”到“镜池”

除了设计者和策展人，可能没有人知道马岩松曾经构思过“镜园”这件作品。那是2010年，我向威尼斯建筑双年展中国馆提交了一份参展方案，就是马岩松构思的“镜园”。这是一个让场所具有园林诗意的构思，可是非常遗憾，它未能问世，而是留在了梦幻般的记忆中。

这是一个什么样的方案呢？它又和“镜池”有着怎样的关系呢？

“镜园”采用镜面反光的原理，制作了一座镜面的园林，让中国馆本来就拥有的处女花园平地生辉。它在物理视觉上消解本身的体量，利用镜面吸收和反射周围的建筑物和风景；当光线变化时，它就是时空的反射镜。这种利用镜面获得消隐的手法，对马岩松和MAD来说不是第一次使用。

或许有人记得，马岩松在很多年前就提出了“胡同泡泡”的针灸城市概念，这一概念的实质就是像针灸一样点穴，用谨慎介入的态度和动笔极少的方法，实现对城市和场所的更新，这些泡泡使用的就是镜面反射材料。它在旧有的环境中，非但没有不和谐，反而激活了场所。

是建筑还是艺术?

简而言之，越后妻有大地艺术祭包含了为实现艺术作品而做的必要的建筑工程，甚至把建筑本身当作艺术的载体，可是我们看到的这些作品最终还是艺术。所以，我觉得“光之隧道”是一件杰出的景观艺术作品。这件作品的点睛之处，是巧妙地利用有限的池水的反射，让镜成圆，让隧道口成为摄入外景的瞳，让原本隧道的“端口”成为梦幻的入口。艺术的手法，就是这样把实景和梦境加以转换，让乾坤倒转，时光倒流。

凡是借水来构成特殊意境的艺术作品，创作者都熟知水的柔和与随意的双重特性，水的流动和不可控的特质是水的神秘性所在，它与马岩松及MAD在建筑设计上追求有机和流动的曲线造型，在本质上是一致的。我们说行云流水，也可以说，那些如行云的造型就是如流水。只不过“镜池”把本来着重建筑实体的创造部分置换成了水元素而已。既然如此，那么我们是不是可以有一个大胆的构思：未来，我们是不是可以建造一座水宫？这个构思实现不了就是乌托邦，实现得了就是形而上的建筑。

是幸运还是必然?

“镜池”一落成，好评如潮，成为日本纸媒报道越后妻有的必选作品，为什么这件作品的反响会如此之大?中国艺术家受邀参加日本大地艺术祭的人士不少，但都没有获得如此大的反响，马岩松是不是很幸运?不!

马岩松的早期出道设计《鱼缸》，就是借用艺术作品的方式来思考建筑空间问题。《墨冰》应该和建筑无关了，是一件纯粹的艺术作品。建筑的使命是走“从无到有”的路线，而艺术则是倾心于“从有到无”的过程，它们不仅是两条道上跑的车，还是背道而驰的。当然马岩松不止一次在建筑设计的同时“偷情”艺术，艺术的实践和建筑设计如同他的左膀右臂。他不是那种对艺术口是心非的建筑师，也不是把艺术作为建筑设计噱头的建筑匠，他和艺术家不同的地方是，他考虑更多的是在艺术作品中如何纳入更多的空间元素，以及艺术如何与地景和自然联姻。有了这样的长期思考和实践，“镜池”只是这一思考的延长线，它的出现是必然的。

地球上的星际之旅

长数百米的隧道改造项目中，观景台不止一个，那么其他的几处又是如何设计的呢？

一般在几百米的暗黑隧道中行走，只要看到有洞外的光亮出现就是异常惊喜的，如何让其他的观景台既有新意，又不雷同，成为新的挑战。

第三观景台如同新星聚会的场所，在半圆形隧道壁上张开着不规则圆形的反射镜，镜子里映射着外景和相互反射着的内景。这些隧道中的镜面给人的感觉是孔，像行星在无重力的星际，又像科幻片中的宇宙舰队在暗黑的银河中编队飞行。

从一个被大自然环抱的国家名胜风景与自然遗迹区的日常空间，进入一个暗黑的梦幻般的宇宙，这种空间置换的体验是不是有点太突兀？是的，它绝对不是如迪士尼乐园一般的娱乐，也不是世博会上与新奇事物的相逢，它是把那些远离乡间的城里人，拉到深山、悬崖和瀑布前的一次有预谋的所谓自由行。其实，它还远不止这些，因为，进入隧道之后，让你不虚此行的是在地球上体验了一次星际之旅。

为什么马岩松和他的团队出手的作品，总是胜人一筹或者出人意料？在中国当代建筑的领域这已经不是建筑和艺术之争，而是想象力的竞赛。一位英国著名的企业家有一句名言：地球上最后的资源就是想象力。

那么，马岩松的出道和MAD的发展都与此有关，信不信由你。

附

觉即真实
eelings Are Facts

拉维尔·埃利亚松与马岩松

伦斯艺术中心
CCA

展人：杰罗姆·桑斯，
晓彦
国，北京
型：空间装置
010.04.04—2010.06.20

奥拉维尔·埃利亚松和马岩松联手挑战我们日常的空间定位方式。视觉被默认起着首要的导航作用，但这个巨大的装置却从根本上限制、弱化了视觉的作用，通过不安全感引发观众对寻找其他感知模式的需求。

墨冰
Ink Ice

2006
中国，北京
类型：艺术装置品
材料：水，松烟墨
尺寸：91.44×91.44×91.44（厘米）

墨冰是一块91.44厘米见方，重27吨的黑色冰块，其内部是浓度不同的松烟墨。作品在开幕式的凌晨被放置在北京中华世纪坛的广场中，连续三天，冰块在阳光和风的作用下不断融化。三天里，地面上留下自然流动的黑色印记，物质消失了，连抽象的符号形式也消失了，只留下时间的痕迹和墨迹中无限的想象空间。

缸
sh Tank

004
美国，纽约
006年纽约建筑联盟青年建筑师奖
尺寸：300（长）×300（宽）×400（高）
毫米）

我们在寻找/鱼在城市中的生活空间

人和鱼的状态/必须颠倒

鱼是主体/空间开始分裂

方盒子已经融化/低质量的方空间瓦解

机器的时代结束了

与方盒子为敌/不是和主流文化作对

平民是主流文化理想的拥有者

他们需要更多的关注/更多的自主性

胡同泡泡
Hutong Bubbles

胡同泡泡218号
2015—2019
中国，北京
类型：四合院改造

胡同泡泡32号
2008—2009
中国，北京
类型：四合院改造

胡同泡泡32号

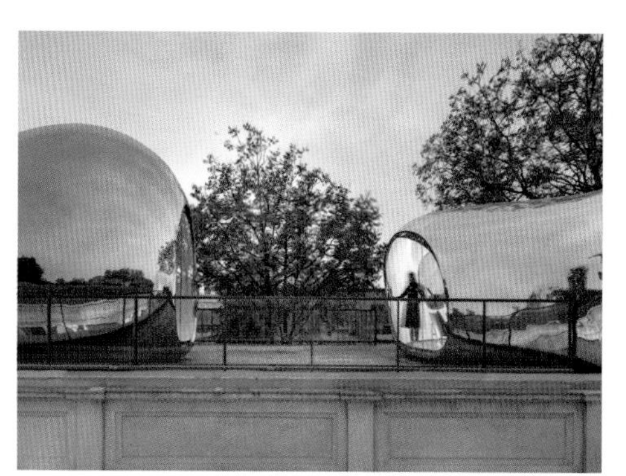

胡同泡泡218号，田方方摄

2006年，MAD在威尼斯建筑双年展上提出关于未来北京的畅想——“北京2050”。其中的“胡同泡泡”提案，提出旧城改造不一定需要推倒重建，而是可以通过加入犹如超越时空的“泡泡”，像磁铁一样更新社区生活条件、激活邻里关系。

2009年，MAD首个“胡同泡泡”在北兵马司胡同32号成为现实。这是一个加建的卫生间和通向屋顶平台的楼梯，它看上去仿佛是一个来自外太空的小生命体，光滑的金属曲面折射着院子里古老的建筑及树木和天空；让历史、自然及未来并存于一个梦幻的世界里。

2019年，胡同泡泡218号建成。MAD对位于北京前门东区的一座清末四合院进行修复、改造——在恢复四合院原有三进格局的同时，创造性地加入了三个不同形态、犹如天外来物的“泡泡”。MAD在此研究项目中对旧城更新规划提出了不动、更密、针灸、精神四个原则。艺术轻触社区，新与旧、传统与未来在老城里创造了新的对话空间。

浮游之岛——纽约世界贸易中心重建计划
Floating Island-Rebuilt WTC

2001
美国，纽约
类型：城市概念

2001年，“9·11”恐怖袭击给美国造成巨大的创伤，而后针对世贸中心的重建计划在当时引起了不同界别的广泛讨论。不同于以博物馆或纪念碑形式重建世贸中心，或完全新设计一幢新的建筑物，我们认为重建应跳脱现代主义所提倡的“机器美学”和“垂直城市”等传统立场：一切的出发点应该基于一个概念——超脱过往，展望未来城市的发展。

新的世贸中心不再是一个办公的机器，而是一个有生命的混合体。浮游之岛是在世贸中心遗址之上的景观。它像曼哈顿天际线上飘浮的云朵，改变金融区的封闭、孤立状态，将纽约的公共活动空间和沿河地区联结起来，与金融区心脏融合，引进都市生活及其活力。

关于MAD

MAD建筑事务所由中国建筑师马岩松于2004年创立，并由马岩松、党群、早野洋介领导。它致力探寻建筑的未来之路，将东方思想带入建筑实践，创造一种人与自然、天地对话的氛围与意境，探索建筑文化实践。

MAD的建筑设计覆盖城市规划、城市综合体、公共建筑、博物馆、大剧院、音乐厅、住宅、城市更新及艺术品等，并于中国、加拿大、意大利、法国、荷兰、日本和美国有实践作品。2006年，MAD赢得加拿大Absolute国际竞赛，为密西沙加市设计了“梦露大厦”，成为首个赢得海外地标建筑设计权的中国建筑事务所。2014年，MAD赢得卢卡斯叙事艺术博物馆国际竞赛，成为首个赢得海外文化地标建筑设计权的中国建筑事务所。MAD文化项目包括鄂尔多斯博物馆（2011年建成）、哈尔滨大剧院（2015年建成）、光之隧道（2018年建成）、中国爱乐乐团音乐厅（建造中）、义乌大剧院（建造中）、鹿特丹FENIX移民博物馆（建造中）、海口云洞图书馆（2021年建成）、深圳湾文化广场（建造中）等；其他城市项目包括日本四叶草之家（2015年建成）、朝阳公园广场（2017年建成）、乐成四合院幼儿园（2020年建成）、中国企业家论坛会议中心（2021年建成）、嘉兴火车站（2021年建成）、衢州体育公园（建造中）、南京证大喜玛拉雅中心（建造中）等。

在建筑实践的同时，MAD通过文字出版、建筑展览、学术讲座和演讲，记录和探讨对建筑、文化、艺术的思考。MAD出版物包括：《疯狂晚餐》《光明城市》《马岩松：从（全球）现代化到（当地）传统》《山水城市》《MAD X》《MAD Rhapsody》及《光之隧道》。MAD在国内外文化艺术机构举办的重要展览包括：2019年，法国蓬皮杜艺术中心为MAD举办永久馆藏个展“MAD X”；2014年于UCCA举办“山水城市”个展；2010年与艺术家奥拉维尔·埃利亚松在UCCA合作展览“感觉即真实”；2007年于丹麦建筑中心举办个展“MAD In China”。MAD在多届威尼斯建筑双年展和米兰设计周上都有重要展览。MAD作品曾在维多利亚与艾伯特博物馆（伦敦）、路易斯安那现代艺术博物馆（哥本哈根）、MAXXI博物馆（罗马）等美术馆展出。法国蓬皮杜艺术中心与香港M+视觉文化博物馆将MAD的一系列建筑模型列为永久收藏。

MAD建筑事务所于北京、洛杉矶、罗马、嘉兴分别设有办公室。

马岩松

MAD 建筑事务所创始人合伙人

出生于北京的马岩松，被誉为新一代建筑师中重要的声音和代表，是首位在海外赢得重要标志性建筑设计权的中国建筑师。他致力探寻建筑的未来之路，倡导把城市的密度、功能和山水意境结合起来，通过重新建立人与自然的情感联系，走向一个全新的、以人的精神为核心的城市文明时代。从2002年设计浮游之岛开始，马岩松以梦露大厦、哈尔滨大剧院、胡同泡泡、朝阳公园广场、中国爱乐乐团音乐厅、衢州体育公园及义乌大剧院等充满想象力的作品，在世界范围内实践着这一未来人居理想的宣言。2014年，马岩松获邀成为美国卢卡斯叙事艺术博物馆首席设计师，成为首位获得海外重要文化地标设计权的中国设计师。同时，他还通过一系列国内外个展、出版物和艺术作品，探讨城市与建筑的文化价值。

2006年，马岩松获得纽约建筑联盟青年建筑师奖。2008年，他被*ICON*杂志评选为“全球20位具影响力青年设计师”之一。*Fast Company*杂志评选他为“2014年全球商界最具创造力100人”之一。2010年，英国皇家建筑师协会(RIBA)授予他“RIBA国际院士”称号。2014年,他被世界经济论坛评选为“全球青年领袖”。

马岩松曾就读于北京建筑工程学院(现北京建筑大学),后毕业于美国耶鲁大学并获硕士学位。他曾于清华大学、北京建筑大学和美国南加州大学任客座教授。

党群

MAD 建筑事务所 合伙人

出生于中国上海的党群,是MAD的核心领导人,管理着拥有一百余名来自世界各地建筑师的事务所;她负责MAD所有项目的建筑实践,以及事务所实践中的理论和文化发展、全球策略管理和运营。

党群是MAD实践的坚定推动者及执行者,她负责建筑项目的整体把控,包括项目的执行及品质把控、团队调配及质效监督等。同时她负责与业主、各合作方从项目起始至建筑建成的全过程沟通,务求各方合力使得项目在最大程度尊重设计思想的基础上以超高标准实现。另外,她关注及掌握最先进的建造技术和经验,让MAD的设计得以以最先进的技术实现最佳品质。

党群拥有艾奥瓦州立大学(Iowa State University)建筑学硕士学位。她的学术生涯包括在普瑞特艺术学院(Pratt Institute)担任客座教授，以及在艾奥瓦州立大学担任助教。

早野洋介

MAD建筑事务所合伙人

出生于日本爱知县的早野洋介，是日本一级注册建筑师。作为MAD合伙人，他监督并指导MAD所有的设计项目。凭借扎实的专业背景及对项目细节高标准的把控能力，他带领团队将MAD的设计理念贯彻于不同的项目上——从建筑尺度到城市尺度，从概念草图、技术图纸到最终的建筑形态，并给这些项目寻找到独特且契合场地条件的建筑学上的回应，确保设计意图得以完整地实现，符合MAD既有的标准。

2000年，早野洋介获得早稻田大学材料工程学学士学位，2001年，获得早稻田大学艺术学校的建筑专门士资格，2003年，获得伦敦建筑联盟学院硕士学位。他曾获得2006年纽约建筑联盟青年建筑师奖、2011年的亚洲设计奖及熊本艺术建筑奖。2008年至2012年，他曾担任早稻田大学艺术学校客座讲师；2010年至2012年，在东京大学任客座讲师。2015年至2019年，早野洋介曾担任伦敦建筑学院的评审导师。

马岩松（左）、党群（中）、早野洋介（右），Greg Mei摄

项目概况

地点：日本，清津峡

时间：2018、2021

团队

设计团队：马岩松、早野洋介、党群、藤野大树、

宫本一志、石神勇树、秦健二

合作事务所：Green sigma Co., Ltd.

MAD编辑团队：

齐子樱、谢小璋、张黎明、

邵一雪、顾晓燕